Concept and Sharing

思享——设计师札记

赵春水 主 编

董天杰 陈 旭 副主编

江苏凤凰科学技术出版社

序

这本书汇集了我们近几年的实践成果，以"中标未实施"的标准来考量，甄选那些凝聚汗水与泪水、苦闷与欢愉的尚未实现的作品加以剖析。旨在与同为设计而探索的人们进行交流，分享我们对项目原初的思索与认识，亦通过反思探索什么是"好建筑"这一基本问题的答案。

从事建筑设计工作，已接触过上百项工程，可是对项目思考的时间却很有限，现在回想起来有许多遗憾。如果当时留给项目的时间再充裕一点，投入精力再集中一些，掌控阶段再延伸一些，可能会想得更明白，做得更顺畅。但后悔药是没有的，既然不能后悔，我们就别再错过，与同仁分享曾经的经历。这是我们出版此书的原因之一。

在与国内外大师"竞合"的过程之中，设计思想的交流、碰撞是最宝贵的财富。从项目的起点入手梳理构思的形成和发展也许是一种原始缓慢的方法，但原初的事物只有经过反复打磨才能焕发炫目的思想光芒。分享我们曾经的苦闷与思考，理清最终成果的来龙去脉，展望未来的现在走向，这是我们出版此书的又一原因。

设计师不能没有思想。这是一个不缺少想法的时代，但想法总是铺天盖地，思想则是根深蒂固。思想的根基在于文化，文化的自觉性使思想得以彰显。我们尝试分析他人、分析自我，通过思想来分享我们的曾经，这也许是一场只有起点没有终点的长跑，在探求的路上如果有你为伴也会增添另一道风景，我们时刻提醒自己保持平和的心态，共同在"思享"的路上谦逊前行。

另外，本书仍以项目为主线，从方案构思、发展、完成等各个侧面剖析设计者的思考过程，对环境、地域、城市、文化、技术等影响因素进行梳理，尝试呈现现代建筑设计思想的主要发展趋势，即理性思考尊重文脉守护地域特色。本书作者均为参加设计实践的人员，叙述文体、表达有所不同，加之能力、水平有限，如给读者带来不便，敬请谅解。

赵春水于津
2015 年 2 月

03 文脉 · 尊

04 地域 · 守

01

大师·敬

向他学习，你不可能成为他；同谁竞技，你将有机会超越谁。

——赵春水

第三种存在

扎哈·哈迪德　滨海文化中心与大剧院设计　| 作者　陈旭

项目名称: 滨海文化中心与大剧院
用地面积: 45 ha
建筑面积: 42 300 m^2
设计时间: 2009－2015 年

建筑与场地应该存在的是
一种经验的联系，
一种行而上的联系，
一种诗意的联系，
当一件建筑作品成功地
将建筑与场地融合在一起的时候，
第三种存在就出现了。

—— 史蒂芬·霍尔（Steven Holl）

THE FIRST WOMAN WHO WON PRITZKER PRIZE
FOR ARCHITECTURE IN HER 26 YEAR HISTORY

扎哈·哈迪德，2004 年普利兹克建筑奖获得者，
她是该奖项创立 26 年以来的第一位女性获奖者。

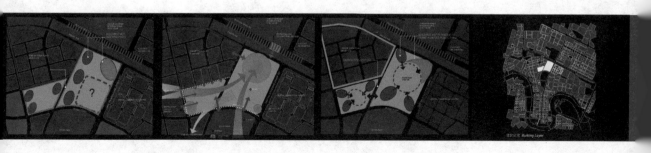

从对基地的理解入手的场地设计

设计师的首要任务是理解场地、阅读场地。滨海文化中心（2009—2012）总用地面积为 45 公顷，总建筑规模约 51 万平方米，包括大剧院、航天航空博物馆、现代工业博物馆、美术馆、青少年活动中心、传媒大厦、商业综合体七组文化建筑。于 2010 年 12 月，进行了国际方案征集，包括了文化艺术中心建筑群总体设计及建筑单体概念设计两个层面。同台竞技的不仅有英国的扎哈·哈迪德建筑设计事务所与天津市规划设计研究院建筑分院的合作团队，还有欧洲新锐设计事务所荷兰 MVRDV、美国明星建筑师伯纳德·屈米先生，以及国内大师何镜堂院士所带领的华南理工大学建筑设计研究院。在场地的总图设计的第一个投标阶段，每位大师都给出了对场地的不同理解，如下图所示。屈米先生带领的团队对场地的理解以后现代的方式，用方、圆、三角等强烈的几何形状作为场地的表达手法，创造出非传统的场景，延续了他一贯的反传统的设计手法。而 MVRDV 对场地的理解则表现在，他们通过倾斜的跑道塑造飞行博物馆，这样倾斜的建筑与场地上线条的折叠，突现了室内空间与室外空间的过渡，并把室外的景观元素带入了室内空间。然而，不论用何种手法创造的场地，都离不开对场地的解读。很幸运因为对基地现状的把握和对整体项目的理解，我们联合团队获得专业评审第一名的结果。

最初的场地分析从对基地的理解开始，在投标阶段每位大师都给出了对基地的不同理解

场地关系疏离静止　　　　　　　　　　　　　　　　　　线脚锐利和冲击强烈的几何空间

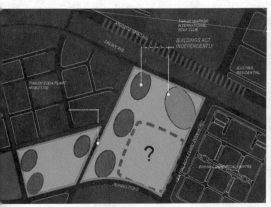
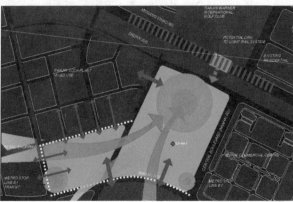

原城市设计中并不明朗的建筑间互动　　　　　　　　　　场地分析及视线分析
单一离散，各自为政

中期汇报　　　　　　　　　　　工作间隙　　　　　　　　　　　基地模型讨论

流线型的场地

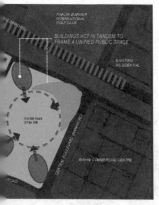

形成向心凝聚、
相互对话的整体性文化中心

规划局讨论

讨论

我们在与扎哈 · 哈迪德女士的合作过程中，对场地进行了反复的讨论与研判，基地东北两侧各临一条快速道路，基地相对处于一种内向型的状态。这很容易在基地内部推演出扎哈·哈迪德所倡导与践行的流线与张力，并自成体系。随着讨论的深入，方案也逐渐地转换和演变，场地关系由最初城市设计中的单一离散、各自为政，慢慢过渡为向心凝聚、相互对话，将建筑融于场地中，呈现出畅快的美感和丰富的空间表情。在整个场地的设计中，如何处理基地本身存在的问题和如何组织场地中的各项功能并使之相互协调、相互依存，成为我们整个场地设计的重中之重。我们参考了英国的城市规划政策中专门列出的针对场地设计的目标与标准，这些目标均不同程度地参与并塑造着目标场所，包括场地多样性、可识别性、通达性、适应性、空间质量等一些设计标准。并达成以下几项设计共识。

1. 营造室外正空间。
2. 强调可识别性及关注功能性的场地设计。
3. 对"自然"曲线的美学探讨。
4. 建筑设计与场地设计的相互协调。

场地关注点一：营造户外正空间

随着西侧天碱综合商业中心及东侧滨海行政中心的建设，滨海文化中心被列入了天碱综合商业区的城市设计与整合深化中。滨海文化中心所处的区位南临紫云公园，北接泰达高尔夫球场，位于市区到滨海的入口通路上，地理位置显著，却由于北侧高铁路线与东侧中央大道的存在与周边城市关系稍显割裂。在这样的情况下，处理好场地自身的关系就显得尤为重要。正负空间的关系可以用图底关系清晰地表示出来。相对而言，其他几位大师的作品均以一种独立的场地与建筑的精神进行了思考，有阴阳相生的理论，也有独立自由的精神。其他方案中，我们不难看出，他们也或多或少表达了愿与场地融合且互动的意愿，却迷失于那些锐利的线脚和给人瞬间强烈冲击的几何空间，这样的设计往往将焦点放在单栋建筑上，随着方案的发展，那些边角和线条往往越发强烈，和场地的关系疏离而静止，转而表达的是一种雕塑般的静态美。场地与建筑的关系若不加调整，该中心将会成为卡米洛·西特 (Camillo Sitte)《城市建设艺术》一书中描绘的毫无生气、空旷的广场。而真正有生气的场地设计应该是局部围合并且彼此沟通的。扎哈·哈迪德女士的方案在思考之初，希望每

曲线运用

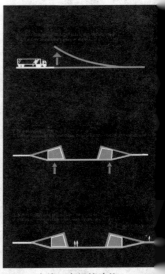

户外正空间的功能

她是一颗在自我轨道上运行的行星。

—— 库哈斯对扎哈·哈迪德的评价

栋建筑和场地的关系都能援引源于自然的柔美曲线，希望这些线条能够具有现代的气息与活力以表达文化中心的时代感，同时期望能够用曲线塑造基地的新活力空间。如左图所示曲线的运用在营造户外正空间中发挥了沟通与纽带的作用，**正如史蒂芬·霍尔曾说过的："建筑与场地应该存在的是，一种经验的联系，一种行而上的联系，一种诗意的联系，当一件建筑作品成功地将建筑与场地融合在一起的时候，第三种存在就出现了。"**用流动的曲线塑造出来的升高的景观层，形成了一个个半围合的空间，这些半围合的空间在交会处实现了联通；而在曲线另一端降低的广场空间，就如同锡耶纳的田园广场一般吸引着人气，不仅使得场地成为整个基地的焦点，也使得广场空间成为一个绝好的观景点。我们对基地中曲线的运用与运化，也同时应了马库斯和弗朗西斯在《人性场所——城市开放空间设计导则》中所提倡的亚空间。当然，户外场地的这种正空间的联通与亚空间的划分上最重要的就是尺度的把握，既不能使人们感到恐惧而疏远，又不能觉得被侵犯。这种升高和降低曲线的做法不仅划分了场地，模糊的空间边界又使得场地的划分变得微妙，人们便不会觉得自己被分割到了一个特殊的空间。

场地关注点二：强调可识别性及关注功能性的场地设计

鉴于滨海新区所处的地理位置是临海工业先驱的诞生地，文化中心的塑造应体现文化的传承。为了分离并提炼出最有价值的理念，扎哈·哈迪德团队和天津规划院建筑分院的同仁们，从一开始，就对场地现状及滨海的"文化肌理"进行了详尽的调查分析，甚至对矶崎新在滨海一个交叉口的"海草"意义的雕塑也反复讨论，提炼升华。于是，场地设计就从满含文化的沧海遗珠的寓意开始，融合传统文化的书画笔墨与海水梯田意象，如右图所示。场地的关系向内缓缓集聚，高处渐渐成峰、成岭，成为场地上海贝初开的大剧院，低处渐渐成谷、成堑，成为大剧院前内聚有力的城市广场和联系地下空间的商业步道。这样的做法，使得建筑与场地得以空间转换、相互渗透。模糊的边界，顺滑地联系了地上及地下的建筑与通道，而北侧的高铁站迎来这种曼妙的曲线，消融于场地中，浑然天成。**建筑与场地的关系，通过一种新的流动和融合的地形与边界的模糊，又创造了第三种独特的场地。**这样第三种独特的场地被赋予联系地下商业街及行人通道的功能。人们顺着这样的曲线到达博物馆、美术馆、大剧院及媒体中心等连续的空间。场地通过曲线变得协调统一，曲线又消除了建筑与场地的边界，建筑之间的沟通以及建筑与场地之间的呼应，使建筑与场地相互依赖，成为不可分离的整体，也将人车分流、客货分流做到了极致。

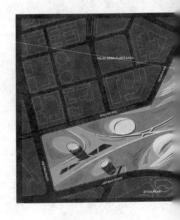

最初，曲线与基地的结合被大多数人质疑为浮夸而不实用。在这个问题上，我们进行了深入的探讨与修整。慢慢对曲线的坚持演变成对基地四相维度的利用，曲线不再是毫无意义的随手涂鸦的线条：建筑的曲线形成了升高的景观层，满足了卸货车的通行要求；场地的曲线形成了隐匿在景观造型层之下的广场空间，同时倾斜的界面也为道路一侧提供了很好的城市观景界面。这样的做法不仅显示了景观和城市文脉所保持的张力，同时也揭露了通过建筑为场地创造的新的几何秩序与空间关系，第三种存在就这样在时空的变换中出现了，整个步行系统和车行系统在这样的时空变化中却表现出严谨的组织和完整的结构。同时，在场地设计中，我们也关注每一块被分割出来的场地的空间属性。例如，大剧院前的场地是产生看与被看的关系。在这块场地上，通过一些锚点的设置，提供了一些显眼的设置使得整个广场空间丰富起来，同时也提供了隐蔽的休息场所。

相互渗透的场地关系

文化梯田意象

曲线的运化，与轻轨站顺滑连接

渐进渗透的下沉广场

总图

景观的做法

曲线美景

相互渗透的美

鸟瞰图

大剧院前的场地与周边建筑高低起伏、相互渗透

场地关注点三：对"自然"曲线的美学探讨

安东尼·高迪（Antoni Gaudi）曾说过："曲线属于上帝，直线属于人类。"而勒·柯布西耶却有不同的理解："曲线是骡马线，直线是人的线。"在一种文化环境中可能是很顺理成章的东西，在另一种文化环境中极可能就是错误的，在一代人中恰如其分的东西，到下一代可能就会成为笑话。正如高迪和柯布西耶的思想，我们无法以今天的眼光去评判对与错。**而从扎哈·哈迪德的思想来看，她似乎更同意高迪的观点。从地下缓缓上升的通道，是对形成自然之美的大地力量的探索。**正如同对于在文化中心场地上运动的人来说，体验很难是静止的，在场地设计中对曲线的运用，正是迎合了这种动态的体验和感受。尤其对于场地上的建筑物来说，人们很少会从一个固定的视点或者正立面来观察与欣赏，因此场地规划中格局的变化，也使得在场地中运动的人获得了无数的视点，而这样创造出来的视点越多，在场地中的人的体验和感受也就越丰富。这种独特的运用，是扎哈·哈迪德所代表的一种哲学观和世界观。

海贝初开的大剧院，场地与建筑的动态平衡（一）

场地设计关注点四：建筑与场地的相互协调

大剧院成为场地中最靓丽的一点，通过大剧院外壳设计的变形，为场地创造了一种新的结构与空间。大剧院的设计，更强调空间的延展性和动态平衡，本来是一个人们印象中的庞然大物，在这些曲线的运化下，给人最直观的感觉却是轻盈与流动感，正是这样的轻盈，使得大剧院这样一栋偌大的建筑，瞬间摆脱了重力的束缚，这也恰恰解释了扎哈·哈迪德建筑中的美，并非静态的对称，而是动态的平衡，就像一个曼妙的舞者，有着轻盈与充满流动感的体态，如左、下图所示。这使得大剧院的设计真正成为"流淌的音乐"和"凝固的乐章"。这种对直角的摒弃，不仅体现在大剧院外部与场地的关系中，更存在于大剧院内部空间中。当我们通过户外的空间进入大剧院内部时，空间的流动，似分似合，隐约互见。游弋其中，有看不尽的风景。

在这样的设计下，交通的流线，虽非捷径直驱，却让人在曲折的流线中反复体验到连续的移动所带来的强烈体验与冲击。**尼采说："最高贵的美是这样一种美，它并非一下子把人吸引住，不做猛烈的醉人的进攻，相反它是那种渐渐渗透的美。"**扎哈·哈迪德所想要表现的这种渐渐渗透的美，我们通常会用自己固有的知识和经验去考量而对这种感性的复杂结构摇头说不。在深入接触了参数化这样的技术手段和方法后，我们竟也使这种神秘的逻辑性成为可能，这必然也得益于纯熟的设计手法与参数化设计的优势。扎哈·哈迪德团队以及本项目其他的专业顾问团队，可以说是极其专业高效和关注细节的，邮件沟通往往是即时回复，周例行电话会议也为推进项目及交换信息打下良好的基础。在大剧院方案确定过程中，对使用方舞台檐口高宽的反复确认及建议，使得方案更加具有建设性。

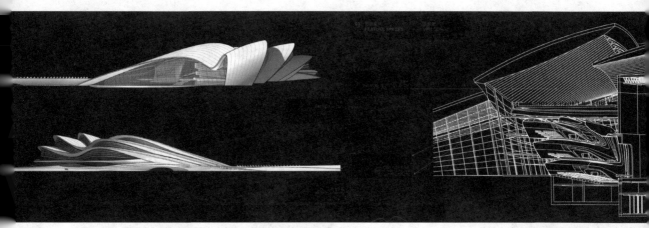

海贝初开的大剧院，场地与建筑的动态平衡（二）　　　　　　　　大剧院内部构造

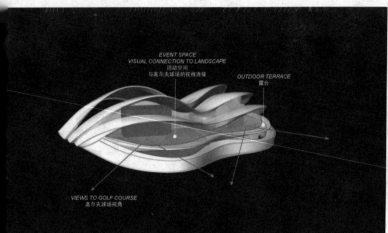
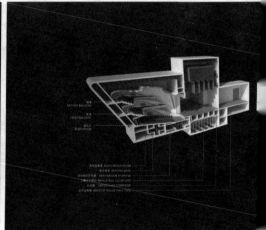

大剧院功能图示

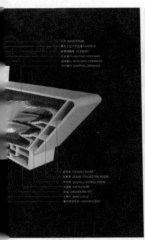

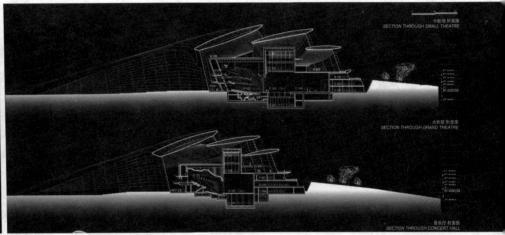

功能分析 大剧院剖面

结语

2011 年初春，与扎哈·哈迪德女士合作，参与滨海文化中心的设计竞标，是一次大胆的探索和尝试。她本人特立独行、独树一帜。正是她这种不迎合、不屈从的态度，使她的心灵赢得了自由翱翔的天空，也使她成为塑造自己风格的主人。这也正应了**库哈斯对她的评价："她是一颗在自我轨道上运行的行星。"**诚然，滨海文化中心这样一个雄心勃勃的设计，彰显的是天津要与世人分享的这一场文化盛宴，以及非凡的团队智慧。最终方案虽未实施，但已如一滴水拨动我们对场地的理解、对渗透美的认识和对场地精神的追寻。

注：由于选址变化，该项目未实施。

距离止于"理"

舒茨 滨海高新区国际 3D 影视展馆设计 |作者 赵春水 吴书驰

项目名称：滨海高新区国际 3D 影视展馆

用地面积：3.1 ha

建筑面积：23 000 m²

设计时间：2009 — 2015 年

我们始终坚持自己的设计理念，不被所谓的潮流迷惑。我们对建筑历史有自己的观察角度，我们对建筑有自己的审美标准，并坚信自己的判断是正确的。因此，保持设计风格和做事态度是制胜的关键。

—— GMP

内与外的距离

——建筑 VS 场所

"我不认同那些不问环境预先设定风格的'签名建筑师'。我钦佩那些对周边城市环境做出不断反应的设计，那些和环境对话的设计。"——史蒂芬·舒茨在 GMP 合伙人访谈录中被问及对当代其他建筑师和潮流有何评价时曾这样回答。

史蒂芬·舒茨坚信环境和人的舒适感都依赖于多样性与统一性的平衡。这就意味着，每一个单体建筑都必须适应并融入城市或环境的总体秩序之中，成为整体的一部分。同时，通过个性的表达，这些具有同一性的元素在多种形式的环境中表达出多样性。

3D 影视展馆等进行了建筑及场地的国际方案征集。参与的设计公司有德国的 GMP 建筑设计事务所与天津市规划设计研究院建筑分院的合作团队，还有澳大利亚考克斯建筑事务所、筑土国际以及国内大师所带领的建筑研究院。每位大师对建筑及场地都有着不同的理解。3D 影视展馆位于城市主要轴线即商业金融街的终点上，紧临渤龙湖，是渤龙湖沿岸最重要的公共建筑之一，项目区位的重要性不言而喻。该项目对城市整体形象乃至市民公共生活将产生重要的影响。舒茨团队与天津市规划院建筑分院的同仁们首先从规划入手，在对周边环境进行研究分析之后，确定了强调城市金融街轴线的主导作用，形成沿轴线对称布置的基本建筑形态，并将两馆建筑的设计方案与位于两者间的市民广场作为一个整体进行考虑，以期将两馆建筑更好地融于城市环境中，同时使建筑对城市公共空间的贡献最大化。

作为位于城市中心位置的重要公共建筑，两馆同时起到聚拢人气和激活市民公共生活的作用。通过平台将两馆在物理空间上联系起来，成为总体轴线上的重要节点，同时平台又是进入两馆的重要场所，平台地下空间里，不仅有两馆建筑的延伸功能，亦有餐饮、娱乐、休闲、商业等城市生活配套功能，以及停车场等设施。四处下沉式庭院，既为广场下的公共空间提供了良好的通风、采光条件，提升了它们的空间及使用品质，又方便招商运营。这些功能的设置与两馆建筑的结合，使得文化建筑与市民普通生活形成了更好的融合。

以商业聚集人气，以文化展现品位，创造商业搭台文化唱戏，创建新型"文商结合"模式，为建筑与城市对话提供更广阔的平台。实现我们邀请市民到这里来，也许并非人人进入建筑，作为访客，你可以在这里逗留游玩。这是我们送给城市的礼物。

—— 史蒂芬·舒茨

环境分析

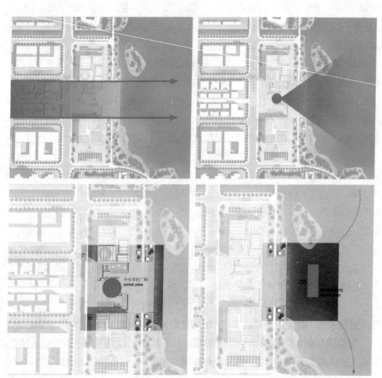

景观设计

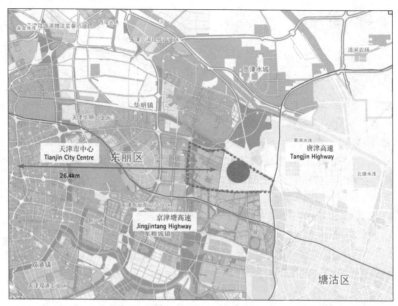

区位图

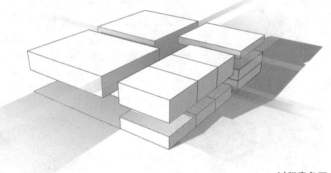

过程意象图

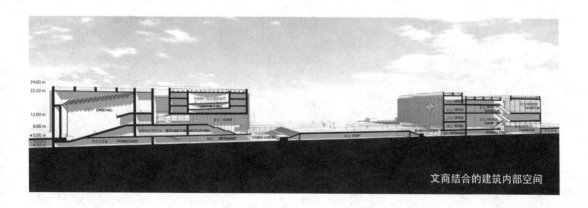

文商结合的建筑内部空间

简与繁的距离

—— 现代 VS 传统

建筑设计的一个职责就是创造建筑独特的个性，对于舒茨而言也不例外。这种个性的创造不是仅仅停留在对形式的创造上，更是基于一种独立的原则与对文化差异的考察，从而使建筑的独特性可以适应文化差异并与这种差异进行交流。**在舒茨的设计中，对于每一处建筑所在区域的人文、气候和地理条件，他都寻求建立一种新的、原初的对话，并通过这样的对话发掘出独特的答案。**

舒茨尽可能地采用简单而合理的设计解决之道，遵循着一种不言而喻的设计逻辑，避免人为地将建筑复杂化，也反对为追求单纯的形式而丧失本质上的合理性。在材料的使用上，遵循节俭和因材施用的原则。然而，在简单的外形下包裹的是严密的逻辑次序与复杂的功能变化。

两馆建筑位于广场的两侧，舒茨一方面希望它们呈现对称的形态，遵循中轴线所定义的平衡秩序，另一方面也希望两馆建筑拥有各自鲜明的形象特征。因而，方案结合地域"阴阳"互补、和谐共生的概念。具体来说，就是使两座建筑保持在相同的体量中，但建筑在立面上呈现出来的视觉效果则是互为正负形。提出这样的设计理念不仅仅是出于美学的考虑，也是考虑到两馆不同的功能特征。

概念分析

3D 影视展馆各层平面图

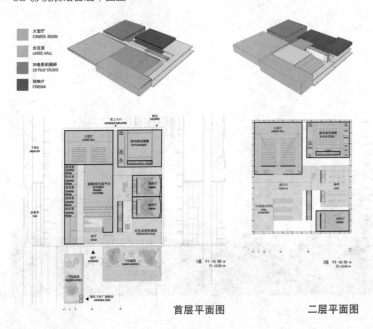

首层平面图　　　　　二层平面图

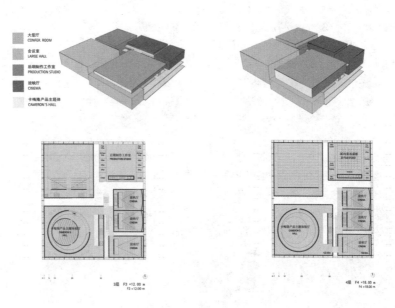

大型厅
CONFER. ROOM

会议室
LARGE HALL

后期制作工作室
PRODUCTION STUDIO

放映厅
CINEMA

卡梅隆产品主题体
CAMERON'S HALL

三层平面图　　　　　四层平面图

展示中心各层平面图

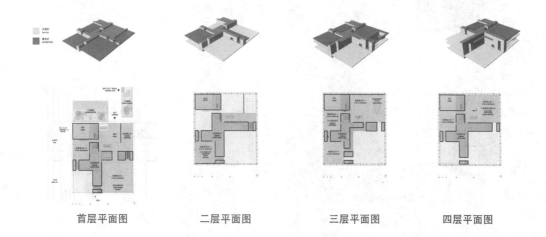

首层平面图　　　　二层平面图　　　　三层平面图　　　　四层平面图

3D 影视展馆主要由大小不同的影院以及主题展馆组成，由于声光技术的需求，影院多为黑盒子式的封闭空间形态。于是在影视展馆建筑中自然形成了盒子中套盒子的建筑形态。影院的"实体"部分，公共空间的实体盒子"挤压"出来作为"虚体"存在，形成互相依存的共生关系。而相反，展示中心由几个大型展厅组成，它们沿外墙布置，内部公共空间以及表面被墙体围合成封闭空间，形成"实体"部分。自然光线可以透过幕墙及屋顶进入"虚体"部分，经过遮阳层及滤光层的控制，为展览空间营造宜人的光环境，同时节约能源的耗费。另，从外形上展示中心正好与 3D 影视展馆相反，在 3D 影视展馆中为主影厅实体的部分，在展示中心主要展厅则为开放的空间。这一阴一阳的对比效果，在夜间通过室内的照明得以清晰呈现，两个分别位于广场两侧的建筑形成有趣的对话关系。

建筑内部是流动的空间，从前厅及主题商品销售区拾级而上来到二层的奇幻电影世界，直至三层及四层的影院，整个流线一气呵成，中间不乏高潮迭起。360°的 IMAX 电影环幕屹立在圆形的中央大厅中，巨大的坡道使访客随着沿途的展览自然而然地到达整栋建筑的核心。同时，幕墙上的百叶以及幕墙内侧的遮阳装置可以控制和过滤自然光，使室内的光环境达到展览的需求。

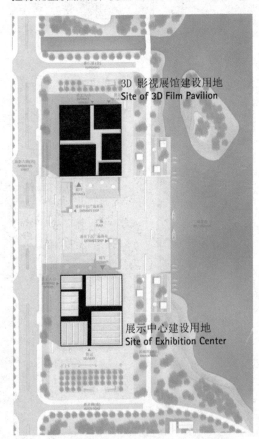

内部效果

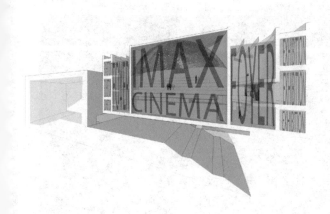

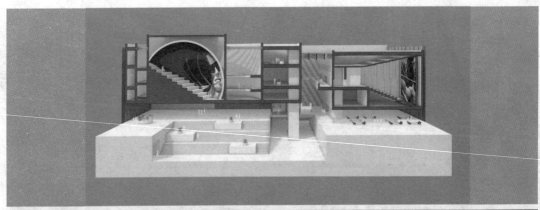

技与艺的距离

—— 技术 VS 艺术

"少即是多"——外表简洁的、朴素的东西（未必是简陋的东西）；却可能蕴藏着最尖端复杂的技术，给人们带来最纷繁绚丽的视觉惊喜。这正是舒茨适应国际建筑市场的一种商业表现。建筑的方案，貌似朴实，却要求有极高标准的建造能力与之配合，且要求有技术水平较高的施工队落实。

> 并非一切看上去是技术进步的东西都是理智的，只有在对天然材料欣赏和尊重的基础上与朴素的技艺协同作用才能创造出好的建筑作品。
>
> ——曼哈德·冯·格康（Meinhard von Gerkan）

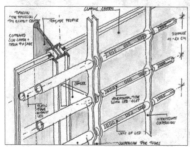

为了强调两座建筑作为"一对"建筑的形象特征，我们希望两座建筑采用一致的幕墙形式。它们是由金属网与百叶编织而成的建筑外皮，均匀分布在建筑表皮之外，使整栋建筑被一层金属的半透明表皮包裹，完整统一，同时人们又可以透过这层外皮，看到建筑内部的结构。尤其是在夜间，建筑显得玲珑剔透，激起人们进入两馆一探内部空间的兴趣。

金属的材质效果为两馆建筑外观平添了现代感与科技感，这与影视展馆及科技展馆的主题十分匹配。幕墙的百叶构件上内置 LED 灯，通过电脑控制形成多媒体幕墙，尤其可以在夜间展现出绚丽的图像，在重大节庆日及大型公众活动日还可以配合主题展示特定的图像，烘托庆典气氛。

除了外幕墙本身具有遮阳功能，在特定的区域，譬如展览厅，还设有幕墙内衬，以有效控制调节自然光线的射入。幕墙的内衬运用在 3D 影视展馆的公共空间部分，通过与先进投影技术结合，图像被投射到半透明的幕墙内衬上，当这些图像与背景中室外真实环境重叠在一起，将为访客营造奇幻般的视觉空间效果。

除此之外，舒茨在设计中融入了更多可持续的理念与技术。智能化的多功能幕墙表皮安装了百叶网，半透明外墙的水平百叶在夏天可以遮阳，冬天能够保温，确保建筑的能量需求；幕墙上的智能通风口保证了天然通风，使建筑能够在炎炎夏日的夜晚降温；安装在屋顶的光伏板可产生电能，满足多媒体幕墙的照明和 LED 灯的需要；考虑使用地热技术实现夏天降温和冬天取暖的需要；收集屋顶和铺面广场上的雨水，循环利用于景观等。

在与国内外大师的竞技中，我们联合团队成功突围，以综合评审第一名的成绩拔得头筹。

结语

舒茨曾在"流动与固守"访谈中说道："GMP 作为一个近 400 人的建筑师事务所，商业利益是不容回避的现实。我们相信，我们的设计风格在相当范围内是能被人认可和接受的。我们不会随潮流改变风格，因为我们知道如果那样做，也许会赢得新客户，但同时也会失去很多客户。我们不止一次谢绝过重金委托的项目（例如业主坚持复古建筑风格）。我们向来认为，建筑不只是一门自由艺术，更是和社会需求紧密结合的艺术。社会性对我们而言是功能性、经济性、技术性、持续性和可实施性，是由这些属性共同塑造的美。我们不会为创造所谓'惊世骇俗'的作品而付出社会性的代价。"

如果说舒茨的作品可以用对现代主义的延续、技术理性先导、带有某种极简主义意味的简洁形式和有节制的文化隐喻来进行总结，那么他在中国当代建筑获得的成功或许还得益于他既保持对德国建筑的严谨态度和高品质，又尽力体现了对中国具体问题和文化特质的尊重。这种良好的平衡向我们和世界证明大规模的快速建造仍然可能保持的建筑品质。

与环境对话、与业主对话、与技术对话、与使用者对话……提倡"对话式设计"。"对话"是解决问题的方法，"对话式设计"也是一种工作方式。

注：由于投资业主变化，该项目尚处于搁置状态，尚未实施。

建筑是铸造未来

山本理显　天津图书馆设计

| 作者　赵春水　崔磊

项目名称：天津图书馆

用地面积：4 ha

建筑面积：57 125 m²

设计时间：2008 — 2011 年

如果可以的话，我希望通过我设计建造的建筑，哪怕只有一点点，至少也要让自然环境和城市环境比以前更加良好。我是在这种理念指导下进行设计的。

——山本理显（Riken Ymamoto）

在活跃于日本建筑界一线的建筑师中，山本理显无疑是当代日本最具创造力和革新精神、日本建筑界公认的"最具现代传承"的建筑师。他摒弃陈旧过时的建筑模式，关注社会迅速变革所产生的新观点和新方法，并通过建筑设计反映出未来社会变革的需求。山本的建筑建立在空间与秩序的统一性上，他充分考虑建筑的形式与功能，注重建筑外观的视觉感受，更加注重塑造建筑作品的内涵，因此他的作品外形简洁现代，内部蕴含着复杂的空间序列，包含着对未来空间发展的指引。

山本理显相信可以通过自己的建筑来改变社会。他的建筑思想和建筑营造过程，与建筑对社会所起的作用息息相关，无论是设计多么小的建筑，也会对社会产生微小的变化，他提出将建筑作为媒介，创造出社会性的空间。正如他的著作《建造建筑就是铸造未来》一书中描绘的那样，建筑具有改变社会的力量。

横须贺美术馆（2006 年）

建外 SOHO 体现了山本理显作为新现代主义建筑师在把握城市空间问题上的杰出平衡感。

通过一种简单的、矩形的、标准化的和大致对称的系统来排列，室外空间或处于单元之间或环绕其外。建筑表现出的是一种绝对简洁，这种简洁也指明了他的建筑方向。

天津图书馆项目很好地阐述了他所坚持的"建筑具有改变社会的力量"的理念，这也是他在从事建筑设计活动中秉承的建筑思想。他运用纯熟的设计手法巧妙地把原本的简洁和独具特色的空间糅合在一起，令人瞠目的构想，孕育出一座令人难以置信的建筑，赢得了广大市民、使用者、建筑界与评论界的广泛赞誉。这也引发了我们对山本理显及其设计思想的探讨，以及对天津图书馆项目的重新认识。

横须贺美术馆则表达他对地域性的理解和尊重，为应付严酷的自然环境，双层外表既保护了展品又对空间和界面的塑造提供了丰富的可能性和机会。建筑展现的是与自然的融合以及理性的响应。

合作缘起

2008 年年底我们和日本山本理显设计工场组成联合团队参加了"天津市文化中心城市设计暨图书馆单体方案设计"的国际竞标，并在竞标中获得了第一名，最终被确定为实施团队。项目自 2008 年开始招标，2012 年建成，历时近 5 年。整个项目的施工图设计开始于 2009 年 7 月，2010 年开始施工。我们和山本理显设计工场一起承担投标、深化、设计、现场服务，直到竣工，两国设计人员不分彼此、紧密合作、取长补短、充分交流、讨论甚至争论，形成了良好的工作氛围，取得了优异的工作成效。

全程设计

决定参与这项设计工作，我们的设计团队并不是只看重单体设计，由于我们也承担着天津文化中心整体规划和城市设计的工作，从开始就将"全程设计"作为我们推进项目的主要指导观念。负责设计师必须全程参与并将设计思想观念从始至终加以落实执行，当然在这个复杂并持续的过程中有些坚持的初衷可能会有所变化，但是设计师对整体项目的全面介入和参与是提高项目完成度和保证项目品质的先决条件。

全程设计是一个平台，让参加项目的设计师可以从项目的起点（策划）到终点（使用）全程发表参与，统一认识，达成共识，便于在分项目中体现统一概念、价值观念。**全程设计是一种机制**，让参与的设计师建立互动、互助、互学的工作程序，团队互相激励，互相启发，使项目成为一个高水平的整体。**全程设计更是一种方法**，使被人为划分专业而逐步割裂的各部分内容、重点聚合为一个整体建筑，不再因为专业划分的壁垒而忽视整体性，将建筑整体性提到新水平。

工作照片

天津图书馆内部空间

局部立面图

未来"图书馆的自画像"

天津图书馆位于天津文化中心，建筑面积 57 125 平方米，地上五层，地下一层，建筑高度为 30 米，设计藏书量 600 万册，日读者流量 5000 ~ 8000 人次。建筑外墙选用了石材百叶，与相邻的博物馆、美术馆在材质上取得统一，保持建筑轻盈感的同时又体现了稳重风格。

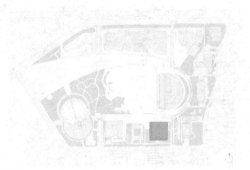

总平面图

设计思考

随着信息时代的发展，图书的管理、收藏、借阅正发生着显著的变化。电子媒体正迅速占领传统信息传递领域。图书馆作为知识获取、信息传递的空间，其使用模式必然随时代不断变化。新图书馆应该应用怎样的使用模式或如何适应新需求等是思考图书馆设计时必须解决和面对的问题。

未来的图书馆，应是社会信息集聚、交流和分享的场所，由于传统纸媒的市场萎缩，对空间的需求在不断减弱，与之对应的新需求对交流的自由度、舒适度、随机性、偶发性等提出更多关注，这种趋势推动着建筑向空间更开放流动、功能更混合多元、形式更简洁包容的方向发展。

"建造建筑就是创造未来"就是设想创建一个更开放、流动、包容的空间模式，它能够提供更丰富的空间体验和更灵活的适应性，昭示着未来新的生活样式逐步展开。

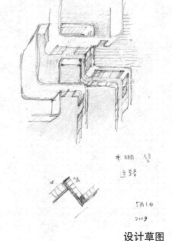

设计草图

未来的图书馆

5 基本藏书阅览区 Reserved Collections 外文图书借阅区 Foreign Books 港书

4 会议厅 Conference Hall 多媒体演示室 Multimedia demonstration

3 中文期刊典藏阅览区 Back Issue of Chinese Periodicals 中文图书

2 中文期刊借阅阅区 Chinese Periodicals 中文图书借阅区

1 餐厅 Restaurant 书香啡 Library Shop 吧

浮在空中的书架

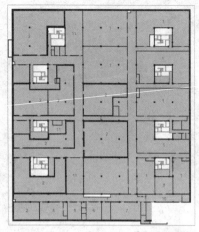

负一层平面图

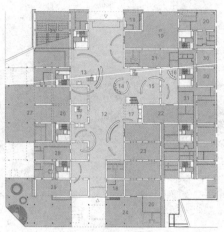

首层平面图

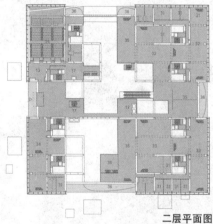

二层平面图

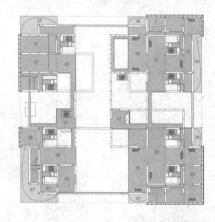

三层平面图

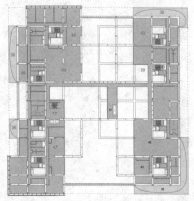

四层平面图

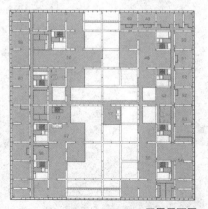

五层平面图

一层以南北贯穿的通廊大厅为中心，布置了总接待台、展厅、自习室、餐厅和咖啡厅。各种公共空间集合在一起，便于读者使用。越向上层走，图书的专业性越强。二至三层是一般图书和杂志、报纸阅览室，四层是电子阅览室、视听觉阅览室，顶层五层是专业书阅览室及古籍修复、保存空间。

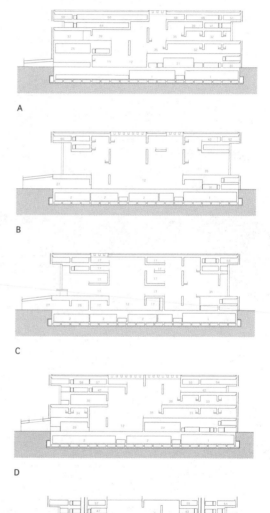

A

B

C

D

E

剖面图

平面图图示说明

1	基本书库	31	办公室
2	古籍书库	32	中文期刊阅览区
3	消防水池	33	中文图书借阅区
4	消防水泵房	34	中文报纸阅览区
5	中水泵房	35	读书平台
6	给水泵房	36	外部露台
7	换热站	37	音乐图书馆
8	变电站	38	媒体制作室
9	配电间	39	休息室
10	值班室	40	会议厅
11	空调机房	41	多媒体演示室
12	前厅	42	视听文献服务区
13	大厅	43	视听室
14	综合咨询台	44	数字资源服务区
15	公共目录查询区	45	政府信息查询中心
16	办证处	46	检索室
17	电梯厅	47	服务中心
18	存包处	48	基本藏书阅览区
29	餐厅	49	图书馆学情报学资料室
20	厨房	50	网络工程演示室
21	残疾人阅览室	51	网络工程培训室
22	书香缘	52	专题研究室
23	展厅	53	研讨室
24	咖啡厅	54	港台图书阅览区
25	报告厅	55	外文图书借阅区
26	视障读者阅览室	56	地方文献阅览区
27	读者自习室	57	历史文献阅览区
28	自助还书处	58	古籍珍本展室
29	少儿阅览区	59	天津市古籍保护中心
30	贵宾室	60	国家古籍修复中心

空间意象

为了实现"图书馆的未来像"，设计者对空间的描绘方式有了很大突破。建筑入口直接相连的贯通南北的通廊式大厅创造了如同室外街道般丰富的室内空间，墙体、地板、退台、连廊、楼梯、坡道、栏杆、天窗、屋顶、透明的中庭等建筑要素都扮演着非常重要的角色，设计巧妙地将各种退台、天桥、空中庭院组织成一个精密的空间肌理。梁架上嵌入书架，透过吹拔空间，各层的书架飘浮在空中。白色片墙纵横交错，伸向中庭的平台或错落或重叠或悬挑，形成错综复杂的空间。通过建筑语言表达了对未来图书馆空间模式的设想，描绘了无限的可能，蕴藏着对未来社会、生活方式的预告。

对光的极具匠心的运用也是天津图书馆的显著特色，图书馆的共享大厅顶棚上分布了七个矩形天窗，光线通过天窗射入室内，在照亮每层阅览空间的同时，使低层空间变得更为开敞，大厅的光线柔和而丰富，同时四季的变化也在室内反映出来。石材百叶与玻璃幕墙的组合将强烈的阳光引入，光线在内部白色墙面和阅览空间相互碰撞交织，随着时间的更替而变换着表情，创造了宁静而明亮的阅览空间。

馆内通体白色，采用阶梯式布局，一排排顶天立地的书架镶嵌在墙体上，营造出浓厚的求知氛围。

空中庭院

既有面向中庭自由、开敞的阶梯状读书平台等共享空间，又有静谧、内敛的小尺度双层阅览空间，满足了不同类型的阅读要求。

开放的阅览空间

室内家具作为空间要素进行整体设计，成为了建筑空间再次划分的重要元素，加强了空间的场所氛围和文化意义的表达。

内敛的阅览空间

场所风景

纵横交错的墙、占据一面墙的百米书架、处于不同高度和位置的平台、刻意设计的易混淆的白色……这些元素有意无意地创造出了不一样的风景：当处于由墙、板模糊限定出的空间区块中，个体能感知其他高度、位置上的人和事件，却不会互相影响。那些穿行于室内、室外、公共通道、坡道、连桥、退台、透明中庭的人们不禁惊叹于多变而丰富的空间使用和亲身体验。

笔者接受天津电视台时代智商主持人杨帆采访时，主持人说道："图书馆给每位读者带来不一样的空间体验，使读者在阅读空间中感受到另外附加的空间启发和教育。"从一位非专业人士那里听到这样的评价，这让我感到特别欣慰。

立体城市空间

立体城市空间

阶梯状阅览平台

草坡西侧入口

大厅北侧入口

技术创新

自从路易斯·沙利文提出"形式追随功能"以来，主张"形式影响功能"的设计师与前者一直争论不休。这一争论作为现代主义建筑理论的分歧点被轰轰烈烈地持续着。

作为纯正现代建筑的传承者，新形式只有从技术创新和社会责任中才能获得最终动力，创造一个鲜活的从未有的空间模式，需要突破现有建筑体系的束缚。在天津图书馆项目中，依靠全程设计的平台，我们提出"空间交错桁架"和"地板送风体系"两种创新技术，使设想中的空间意象最终变成现实，通过挑战技术极限，实现了空间的一定程度的解放。

空间交错桁架

天津图书馆上部主体结构为钢框架支撑与空间桁架相结合的结构体系，通过结构体系的合理转换，创造自由流动的空间，按照梁柱体系评价只有 40 多支点落地生根，这种系统极大地释放了建筑下部空间，创造了无柱空间，结构的创新使建筑创作得以实现。

1. 很好地解决了复杂建筑空间的构建问题；
2. 创造新型宽边、带悬臂段的箱形梁柱隔板贯通节点；
3. 空间多杆件交会的矩形管铸钢节点；
4. 桁架不再是单纯的楼屋面支撑系统，多层布置的桁架形成空间受力体系，既承担竖向荷载又传递水平荷载。

 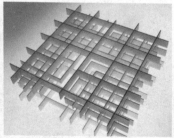 

结构模型推演

地板送风体系

结合建筑内部空间高大、贯通的特点，着眼于室内环境热舒适与节能，屋顶、墙面纯净整洁。公共空间采用地板送风空调系统，此系统技术含量较高，由空气处理机组、地板静压箱、旋流地板送风口、回风排风系统组成。

1. 送风口采用 Ø200 mm 旋流地板散流器，每个散流器风量控制在 150 m³/h 左右，送风温度不低于 19 ℃，这样保证了坐在阅览室的人们不会有吹冷风的感觉，同时满足阅览室内风速的要求；

2. 通过 CFD 的模拟，确定了静压箱净高为 0.18 m 时，能够实现均匀送风的送风量可达 7000 m³/h，同时考虑热力衰减因素，确定了从静压箱入口到房间散流器之间的合理输送距离为 10~15 m。

首先是设计观念的创新，开启了对未来图书馆的感知和探索；同时，技术创新保障了空间意象的实现。体现了瓦尔特·格罗皮乌斯提出的 "建筑设计与建造工艺的结合" 的思想。

山本理显

他是战后现代建筑正统的继承者，他不追求完整的理论体系，但对现代工业化建筑建造系统以及细节的追求使其成为当今建筑界的"理性主义大师"。他提出"建筑基于假设"、"超越设施＝制度"、"建造建筑就是铸造未来"、"建造着、思考着"等理论观点，并不断用实践来实现对于未来社会的理想，努力探索在新时代背景下人们对空间、构造的新需求，并努力将其对空间的新需求转化为现代的表达和形式，这不就是山本的"创新性"吗？

注：该项目已于 2012 年建成。

西南角外观

西侧外观

红不是一种颜色

伯纳德·屈米　工业博物馆设计

| 作者　赵春水　董天杰

项目名称：工业博物馆
用地地面：2.4 ha
建筑面积：35 000 m^2
设计时间：2009 — 2015 年

说到屈米（Bernard Tschumi），不得不说的是他在 1983 年拉维莱特公园设计竞赛中胜出的那抹跳动的红色。

拉维莱特公园概念图示

屈米的红色

也许是那抹红色太过夺目，以至于让人们忘记了它的真义，公园的景观规划、空间序列产生了另类的社会活动，而这些活动挑战了巴黎大城市公园传统的功能价值。拉维莱特公园因这抹红色而吸引了众多膜拜者，而人们也从最初的认识中意识到，这样的做法，揭露建筑次序与生成建筑次序的空间、规划、运动之间的传统联系。同时，通过变形、叠置和交叉程序又创造空间与空间中发生事件的新联系。很多人在其后不停地追问：为什么不是橘色？为什么不是蓝色？

拉维莱特公园

建在开挖遗址上的雅典卫城博物馆

其实这就如同屈米所强调的，**红并不是一种颜色，而是对建筑理念的强调**。在拉维莱特公园中着重强调了如何通过设计使旧址保留其历史的印迹，同时作为城市的记忆，唤起造访者的共鸣，又能具有新时代的功能和审美价值，关键在于掌握改造的强度和方式。在建筑界，由于人们总是倾向于将注意力放在装饰与结构上，不是在争辩形式高于功能就是在争辩功能高于形式。而屈米先生，显然在这两者之间没有任何取舍，他所认为的建筑形式并不停留在构架或者表皮上，在屈米先生的认识里，构架与表皮一样都是围塑建筑功能的手段。

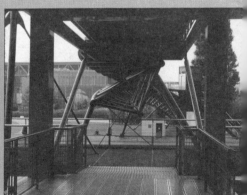

拉维莱特公园

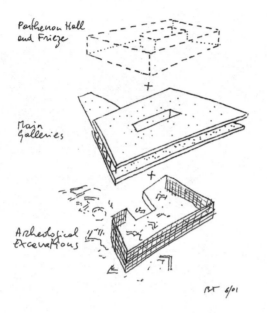

Parthenon Hall and Frieze

Main Galleries

Archeological Excavations

雅典卫城博物馆设计手稿

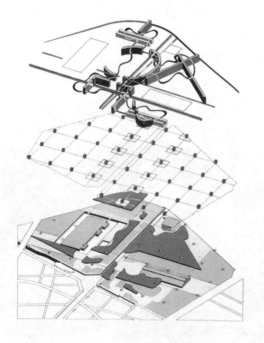

拉维莱特公园设计稿

与大师合作

那个带着红色羊绒围巾，一袭黑色大衣，风度翩翩的学者形象的建筑大师。他设计了法国图尔昆的 Le Fresnoy 艺术中心、德国 Karlsruhe 的媒体传播中心、法国巴黎的国家图书馆、希腊雅典的新卫城博物馆、瑞士洛桑的 F10n 交通枢纽工程等等，在中国却没有任何建成项目或竞标。在中国风起云涌的建筑界，尤其在参观了无数大师在内地所做的由于施工质量粗糙而显得怪异的作品后，期待与这位蜚声世界的建筑大师合作，希望能借此亲耳听到类似于十字箴言似的当头棒喝。

他的一系列学术论调与设计思想，都和他所强调的"没有事件发生就没有建筑的存在"一样，他的设计永远是提供充满生命力的场所而不是重复已有的美学形式。

诸如，陌生化的科技 (Technologies of Defamiliarisation)、城市冲击的调和 (The Mediated Metropolitan Shock)、解构 (De-construction)、重叠 (Superimposition)、交叉性的规划 (Crossprogramming)、事件 (Event)、转换点 (The Turning Point)。这一切繁复的学习和准备，却始终无法让我把那些复杂的哲学论调和眼前这个简单平静的老人联系在一起。

人们熟知他的一系列名头：英国伦敦的建筑学院教授、美国纽约建筑与都市学院客座教授、美国普林斯顿大学建筑系客座教授、美国耶鲁大学建筑系客座教授、美国哥伦比亚大学建筑规划古迹保存研究所所长等。

殊不知他还是一名建筑理论家、教育家，有很多的建筑理论专著，如 2003 年出版的《建筑索引》、2000 年出版的《事件城市 2》、1994 年出版的《事件城市》、1975 — 1990 年理论专著合集《建筑与分离》和 1981 年出版的《曼哈顿手稿》。他的思想对新一代的建筑师产生了极大的影响。

法国 TGV 铁路人行桥

测试筒状空间成为展览空间的可能

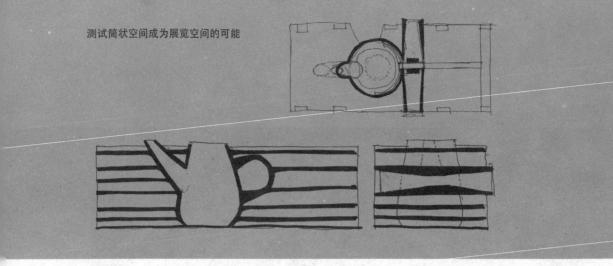

测试斜向筒状空间的采光

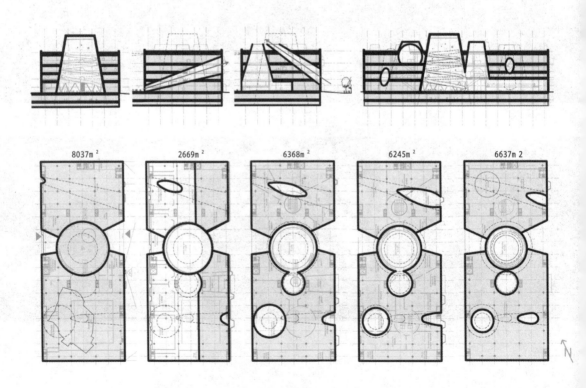

8037m²　2669m²　6368m²　6245m²　6637m 2

城市与工业博物馆

整个建筑在滨海文化中心建筑群的紫云公园一侧,建筑面积 3.5 万平方米,集合工业展览馆与城市展览馆两种功能。期望能够容纳多达 5000 件的展品并配合技术先进的声光电设计。在本次合作设计所做的工业博物馆,屈米先生依旧摒弃千百年来建筑师运用的传统的设计方法,那就是从几何学形态上来设计立面或者平面。他以提炼的工业元素作为建筑造型,形成采光筒的式样,意图是用现代的建筑技术手段和材料处理方式建成一座蕴含传统工业韵味的建筑。这样,建筑便由两个展示部分和中央大厅组成。

测试立面开洞

测试浏览回廊

（屈米手绘）

他也在努力地实践着**社会性的公共空间。**在反复的讨论和磨合中，我们终于了解到他最初的想法，并不是仅仅提供一个建筑，而是通过组织事件的方法，提供一系列的公共活动空间。采光筒的设计暗示了一种较之惯常更有效的组织形式，而不是仅仅从美学和象征手法出发。采光筒不仅仅存在于建筑的顶部，还存在于建筑的一侧立面，这使得建筑的责任从提供功能空间转向了组织社会活动，转变为联系公园空间与中央大厅的空间。而这种理念的强化，通过采光筒的形式出现在建筑的语汇中，这栋建筑的采光筒就成了拉维莱特公园中的红，它并不是一种颜色，是建筑概念的集合与生成。

工业馆在建筑行为学上明显的动机是屈米先生认为城市中的建筑群不应仅从使用好坏的角度来评价，而应从它们之间是否产生不利的影响来评价。由于工业馆一侧紧临着艺术长廊，一侧紧靠文化公园，两侧不同的开放空间定义了进入方式的不同，在长廊一侧由商业进入，在公园一侧由采光的核心筒进入，同时又联系了文化艺术长廊。他在夹层里设置了一系列办公室，这些办公室，向下可以俯瞰下方的展览空间和公共活动空间。这也是他对建筑批判性的理解的实践：**没有事件发生就没有建筑的存在，**工业馆里的每一根线条，每一道色彩，每一组空间比例，都是蕴藏着各种含义和思想的一串符号。他的设计永远是提供充满生命力的场所而不是重复已有的美学形式。这样建筑就成了一个受设计概念、城市地形和规划所界定好了的"情景构造物"。

在屈米的理念中，建筑的角色不是表达现存的社会结构，而是作为一个**质疑和校订的工具**存在。从他所做的这些剖面图中，我们不难发现，建筑由于这些巨大的采光筒的存在而被赋予了不同的意味，建筑的空间自由度大大增加了，因为在采集日光的同时，通过采光的空间把人们引入展览的空间。

方案的形态演变

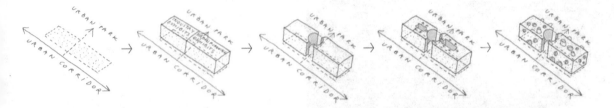

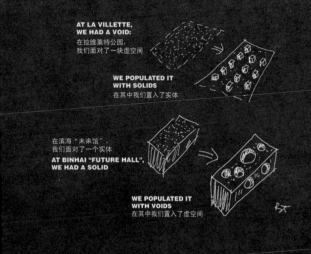

**AT LA VILLETTE,
WE HAD A VOID:**
在拉维莱特公园，
我们面对了一块虚空间

**WE POPULATED IT
WITH SOLIDS**
在其中我们置入了实体

在滨海"未来馆"，
我们面对了一个实体
**AT BINHAI "FUTURE HALL",
WE HAD A SOLID**

**WE POPULATED IT
WITH VOIDS**
在其中我们置入了虚空间

RT

今天的城市
THE CITY OF TODAY:

= 二维平面上的实体
**SOLID OBJECTS
ON A 2-D FIELD**

未来的城市
THE CITY OF TOMORROW:
=
三维实体中的虚空间
**VOIDS CARVED INTO
A CONTINUOUS 3-D MASS**

RT

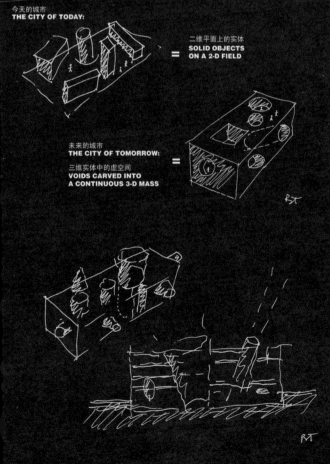

RT

设计中采用了足够多的镂空及玻璃，使得展出空间拥有了足够的自然光线，光线透过中空的采光筒照进工业及城市展厅，深入建筑的核心，轻轻触碰到建筑底层的展示空间。屈米先生始终强调的是建筑形式与发生在建筑中的事件没有固定的联系。这次依旧强调建立层次模糊、不明确的空间。

光线会慢慢渗透到公共活动的空间以及其他的一些空间中去，认识的扩大代替了存在的扩大。各个展厅的空间组织因此而变得简单而直接，这引导了使用者自发革命性地使用屈米所提供的空间，这些空间可以通过重新组合序列，来获得新的空间和文化氛围。在这栋建筑里，博物馆的光感、动感和层次，用先进的现代建筑技术得以统一。柔和的自然光线通过玻璃射入到博物馆内，使得建筑使用的自由度也大大增加了。

重新认识与再理解

从本次项目游离而去试图读懂他的其他项目，诸如在 1992 年国际设计竞赛胜出，并于 1998 年完成的法国图尔昆的 Le Fresnoy 艺术中心；美国俄亥俄州辛辛那提大学体育中心；日本东京歌剧院；德国 Karlsruhe 的媒体传播中心；哥伦比亚学生活动中心；法国巴黎的国家图书馆；2001 年国际竞赛胜出，并于 2004 年 5 月完成的希腊雅典的新卫城博物馆；1988 年设计竞赛胜出，并于 2001 年春季完成的瑞士洛桑的 F10n 交通枢纽工程；2000 年国际设计竞赛胜出并完成的瑞士日内瓦江诗丹顿总部和钟表工厂；1998 年设计竞赛胜出，并于 2001 年 2 月完成的法国鲁昂的音乐厅和展览中心；2000 年国际设计竞赛胜出，并于 2006 年建成的美国纽约非洲艺术博物等，若只直观地停留在表面的意向，会发现设计竟无章法可循。其实不然，以新建成的新雅典卫城博物馆为例，他的设计灵感来源于底层放置的出土文物和顶层帕特农画廊的朝向，让参观者仿佛置身于时空的走廊，用先进的技术还原了朴素而精美的古希腊建筑。人们通常会赞叹那些简单明晰的线条和干净透明的展场布置，没有想到的是，屈米激发了一种叙述性的氛围，促使事件在建筑内部自我组织。在这栋建筑里，我仿佛又看到了那抹红色，那抹红色存在于那些简单的线条中，没有硬生生地将空间割裂，却以极其宽容的、自由的、多元的方式来建构新与旧的联系，用简单联系了多元与时空的碰撞。

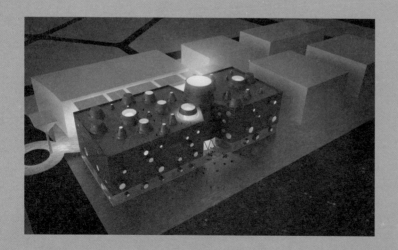

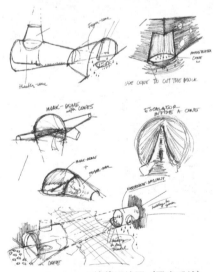

筒状手绘图（屈米手绘）

红并不是一种颜色，不论哪件建筑作品，一定要用什么颜色代表什么活动或事件的发生吗？并不是。**颜色仅仅是用来加强建筑的概念。** 作为建筑师、理论家和教育家，伯纳德·屈米以他的作品重新定义了建筑在实现个人和政治自由中的角色。屈米的作品，强调的是事件的发生、运动的状态和活动的功能，在当下的社会发展中，建筑的定义势必是多样化的、多重性的、融合性的场所空间。屈米所提供的空间也是这样一种，能够在多样性与多重性中寻求平衡和重新构建的建筑作品。最后引用屈米先生的一句话：**建筑不仅仅是造型的问题，而且成为都市文化的载体。建筑师不仅仅是设计某种形式，而是创造社会性的公共空间。建筑设计并不是一种有关形式的知识，而是探索世界的知识形式。** 人们也可以通过其他方式探索世界，比如电影导演、艺术家，也可以作为建筑师来观察这个世界。

注：该项目正在进行初步设计，计划 2015 年开工。

02

理性·尚

感性让我们有能力融入艰涩的现实生活，但理性为我们的无界交流提供了平等的机会。

——赵春水

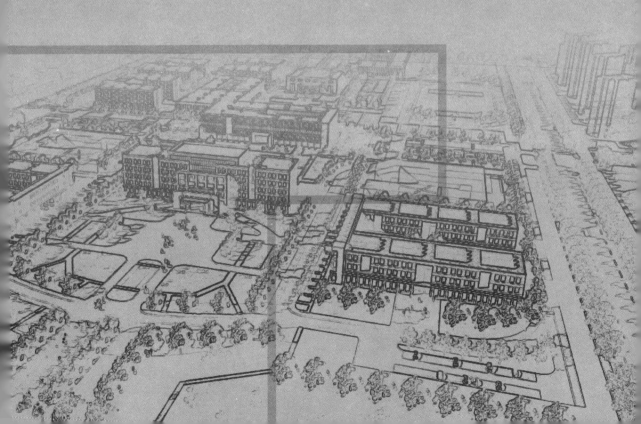

角色扮演

——天津第四中学的设计思考

| 作者　赵春水　田轶凡

项目名称：天津第四中学
用地面积：5.3 ha
建筑面积：58 000 m²
设计时间：2014－2015 年

做建筑方案设计时我们经常运用一种常规的身份——设计师进行设计，根据地形条件和查阅相关资料做出相应的方案。随着时间发展，研究使用者的需要、欲望、情绪、心理机制等与环境及建筑的关系，通过建筑达到使用者的行为心理要求逐渐成为一种更加科学和有效的设计方法。

在新四中的建筑方案设计过程中，德国莱茵之华建筑师赖因哈特·安格里斯（Reinhard Angelis）同我们全程合作。我们不但担当设计师的角色，同时扮演学生和老师的角色，深刻体会他们真正的需求。

天津市第四中学

天津四中中标方案——东南角鸟瞰图

出奇制胜

天津新四中设计方案是通过国际方案征集的方式竞选出来的。竞标期间德方建筑师和我们一同与另外四家强有力的设计单位进行竞争。各家方案各具特色，其中有以古典形象示人的院落围合式校园、以绿色剪纸和编织形象示人的现代校园 、以学校客厅为理念的传统校园和以展示四中文脉的理想校园。

初见我们的方案，有人会认为它看起来比较简单，有人还会不禁发出如何中标的疑问。其实中标并非偶然，在这个看似简单的外表之下有着理性的创新观念和优质的设计内容。

最终的中标是实至名归，也令我们欣喜若狂。回顾这一路走来的艰辛，各种曲折历历在目……

天津新四中投标方案二·天津市建筑设计研究院　　　　　　天津新四中投标方案三·英国凯达环球有限公司

天津新四中投标方案四·华汇工程建筑设计有限公司　　　　天津新四中投标方案五·同济大学建筑设计研究院

感悟

作为地地道道的天津人，四中的师生们每天也挤着公交吃着煎饼上班上学，再挤着公交迎着晚霞下班下学。因此初见赖因哈特·安格里斯，我们分别作为参观者和导游感受和体验天津式生活。

赖因哈特·安格里斯之前来过北京和上海，但从未到过天津。在接他来院里的路上，他一直处处留意着路过的风景，尤其是五大道的历史风貌区，并不停地向我们询问这些建筑的来历。这是做设计方案一个很好的开始，从了解这个国家、这个城市开始。

等到院里，未等我们一席人坐定，赖因哈特·安格里斯就从书包中掏出一本书，我们惊愕地发现是一本全中文的《从百草园到三味书屋》，他还吃力地念着鲁迅的名字，原来了解中国学校的旅程，始于最传统的私塾。想象着先生们晃着头传道授业解惑，满口之乎者也。

中国建筑的风水学和字符的象征意义对于赖因哈特·安格里斯来说也是之前鲜有涉及的。比如他设计的建筑体块无意中在总图上呈现了两个中文字，恰巧暗示了一些内容。起初他不能理解何不妥，经过我们几番解释，习得一些中国文字文化的他接受了更改体量组合方式的建议。后来他也自己学写了一些和学校有关的汉字，如"老师"和"学生"等，也曾想把"师"这个字符转化成建筑语言来设计教学楼的立面。

《从百草园到三味书屋》，鲁迅 1926 年

回归

"我是学生"
四中老师安排 Reinhard 和我们参观老四中和另外一所中学的校舍。作为建筑师的我们已经太久没有当过学生，对于学生的理解也停留在自己曾经的中学时代，10 年前或更加久远。若按照这样的理解，我们设计的学校符合那个年代，却与现在的中学生有了不可避免的代沟。四中是一所面向未来的中学，学生是学校的主体。他们陷入了革命性的想法之中，努力把自己塑造成与环境相称的爱学习的孩子。

"我是老师"
早年的私塾里老师的职责是传道授业解惑，主要的教育形式是以教师为中心，教师的角色在学校中起着主导的作用，尊师重道的道德观念深入人心。当代中学的老师不只授课，他们也可以成为学生的朋友并与之亲切交流，同时作为学校的管理者保障学生的安全。

YFT:体会当代中学生的心理状态，青春，叛逆，身心发展均不成熟；
　　除了需要了解课本上的知识，更对五彩缤纷的世界充满好奇心，
　　总想探索一切，知道一切，充满幻想。
LJL:中学老师的职责，传道授业解惑；学生的朋友；作为管理者保障
　　学生的安全。

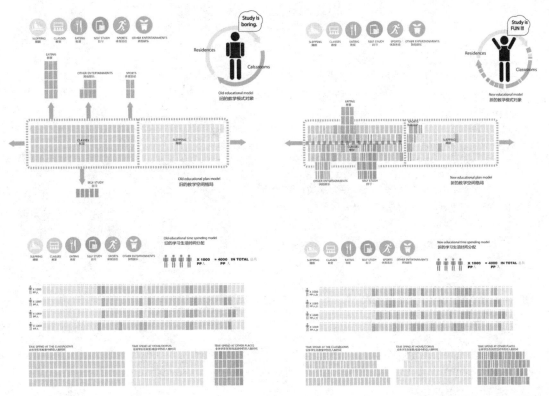

当代中学生作息方式的发展趋势

追忆

学生 A：我是化学课代表，教室与化学办公室不在一栋教学楼里，交作业的时候需要跑出教学楼再跑进教学楼，下课 10 分钟交作业往返几乎来不及。

学生 B：教学楼距离食堂特别远，每天中午一听见下课的铃声就飞奔着往食堂跑，气喘吁吁。食堂里最火的是小卖部，可以买到各种零食。

学生 C：高三那栋楼特别神圣，看着那些学长学姐就由衷地敬畏，来得最早，走得最晚。那里总是灯火通明，充满紧张的学习气氛。

学生 D：爸爸开车送我上学，在学校门口下车的时候被教导主任批评影响交通。学校的主入口还是应该再大气些啊。

学生 E：最喜欢陶艺课了，像个艺术家一样用拉皮机转动陶土，弄了一身泥，但特别有成就感。

学生 F：去实验室要先从教室跑下五楼，然后平地 200 米冲刺，再爬上四楼。
学生 G：学校的廊道和小花园特别适合同学之间交流，毕业后的学生回学校合影留念都选这个地方。

学生 H："日"字形的布局让我来到学校三个月以后才认清楚方向……晕！
学生 I：乒乓球室最好不要放在地下，通风很不好。

学生 J：教室离任课老师办公室很近，很容易找到任课老师问不会的问题。

学生 K：教室太方了，不得不 3 个人一桌摆三组，坐在中间和靠窗墙的座位出入方便……

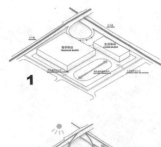

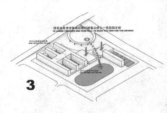

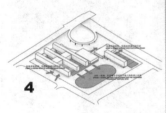

基地条件分析图

理性设计

设计背景

四中新址位于天津市文化中心周边地区的东南部，基地北至澧水道，南至黑牛城道快速路，东至解放南路，西至城市规划绿色人行步道。因立交桥的原因，原本方形的地块缺失一角。新址规划总用地 9.87 公顷，净用地面积 5.3 万平方米，规划新学校建筑面积约为 5 万平方米。

其功能定位以教育、医疗、生活居住功能为主。该项目的建设实施，为本功能区提供了高标准、高品质的教育配套设施。学生规模为 4000 人，36 个初中班，36 个高中班，8 个国际班，教师规模为 400 人。

设计矛盾

通过回归校园的模拟经历，我们在新方案设计中发现了一些矛盾点，从解决这些矛盾出发，使方案更加理性和合理。

1. 因师生人数较多，用地紧张，濒临主干道受噪声影响，产生了用地条件紧张与教学及生活需求变大的矛盾；
2. 师生与时俱进的新教学、生活和运动方式与传统校园空间组合的矛盾；
3. 师生不断更新的人际关系和交流方式与缺乏公共空间的矛盾。

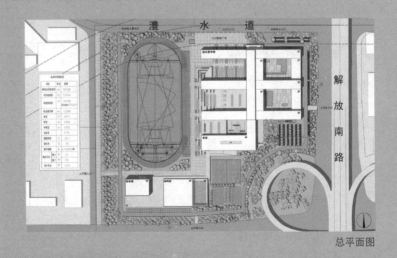

总平面图

设计突破点和出发点

——现代化教学模式

以解决矛盾为前提，在和赖因哈特·安格里斯合作的过程中，他向我们引入了一些德国中学的教学理念。

开放式现代化教学模式的几点创新：
（1）以集体教学为基础，辅之以个人自主学习和分组教学的合作学习模式。
（2）催生学生的各种学习选择，把课堂上获取知识的自主权交给学生，学生按意愿和兴趣安排学习时间和内容。
（3）从单一的灌输式、被动式、填鸭式教学向多样化的互动式教学转化。

（4）加强社交能力的培养，侧重认知能力的培养和情意的发展，缺乏感情的学习不是真正的学习。

（5）完善老师和学生的交流空间和方式。

（6）提供学生从室内活动向户外活动转变的可能，增强体质。

（7）训练学生的独立生活能力。

我们据此规划了校园的整体布局，并设计创造一系列新型教学空间，当四中的师生走进新校舍的时候，享受既熟悉又新奇的校园之旅。

"我是设计师"

设计师：

引进的理念中并非所有的都适合中国的中学生，也并非所有理念都可以在有限的地块条件内实现。因此我们作为设计师，对十所国内外中学的教育模式分析研究后，对 Reinhard 引进的理念进行合理的运用和创新，根据学生们的生理以及心理需求，总结了适合新四中的现代化教学模式，并在建筑的总体布局与空间组织中充分体现。

中德差异：

由于中德文化的差异、对建筑认识的差异和设计观念的冲突等，双方都夜以继日地辛勤工作，许多争执点都发人深思，也因此碰撞出火花并获得意想不到的效果。

其一：对现代化教学模式理解的差异

中德双方对本土文化理解的差异主要是由师生比例的不同引起的。学校是有计划、有组织地进行系统教育的组织机构，是为师生提供使用上的便利，成为能激励学生愉快学习的场所。为了能营造这样的场所，最初德方设计师尝试将一些西方的开放式教学方法引入学校，如他们认为学生应该是学校的主体，课程的选择应由学生根据喜好自己决定，这种教育和管理方式是建立在师生比例较大的情况之下的。而在中国，传统教育的主要教育形式是以教师为中心，尊师重道的道德观念深入人心，在师生比例较小的情况下，学生没有更多的机会进行选择，因此需要教师合理安排，面对尽量多的学生进行传道授业解惑。对于天津四中这样的完全中学，由于师生比例过小，中方设计师建议依据国内中学现有的情况将开放式教学方法最大限度地引入学校。

东南角人视图

其二：建筑空间组织方法的差异

为了丰富校园建筑空间，设计双方都尝试利用一些有效的设计手法。中方设计师设计建筑如同讲一个故事，其中有平淡无奇的场景让人快速掠过，也有百转千回的重头戏让人流连忘返。随着人们在建筑中浏览，场景层层出现，移步易景，高潮迭起，画面感十足。因此中方设计师会着重设计重要的空间节点，例如刻画入口、门厅、内院、通廊等空间，彰显建筑灵魂。

其三：建筑造型表现的差异

我们一般注重大尺度的体量关系和阴影效果，这样可以体现中学校园的活泼和多变，符合中学生的气质。德方设计师更注重建筑的整体感和逻辑感。建筑要一气呵成，无需过多装饰性的体块穿插。例如他们不断尝试用最简单的体块解决所有的功能分布问题，力求建筑立面与平面功能绝对对应，使建筑具备充分的逻辑性；所有门窗都具有精确的比例、尺度、工艺，以此来体现建筑品质等。

其四：对建筑细节处理的差异

通常我们力求每个功能房间有良好的采光。但德国设计师认为，门厅、大厅、走廊等交通空间的采光也同等重要，这些空间是体现建筑品质的节点空间和串联空间，同时是人流聚集的地方。他力求没有任何的黑暗角落存在，创造皆可以自然采光的可能。

沿滨江道人视图

带领学生和老师走进"奇幻之旅"

场景1：好久不见

校园的主入口模仿中国古典院落形式的门庭序列。从入口集散广场进入后学生们
走进一排柱廊，在这片灰空间之下，阅览着宣传窗里的每日校园更新。穿过柱廊
是一个开敞院落，这里延续了老校舍的绿色庭院。学生们再次习礼大树下，回忆
往昔的画面，有似曾相识的感觉。

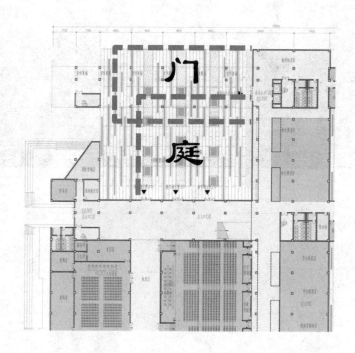

主入口：教学楼两侧架空的灰空间形成门的形象，门前广场向里延伸至入口庭院

入口庭院：提供学生更多交流的空间

从西侧看入口庭院

场景 2：随处交流

门厅里的景观楼梯以强大的视觉暗示引导学生走向二层及其以上的教室空间，在高峰时段与首层的行政办公人员自然分流。一个连续的楼梯序列将大批学生们从三层指引至五层的上课教室。这条每天上下学的必经之路总是熙熙攘攘。

在一种集体教学和单一灌输式教学的课堂状态背景下，现代化教育实践增加了课上的互动环节和课下的交流机会。走廊空间不再是只具备交通功能的消极空间，而是试图将课下的学生从教室内吸引出来的积极空间。它更加宽敞开放，变换的百叶形式为走廊带来生动的光影关系，舒服的座椅和可以坐人的窗沿，为学生交流提供便利。学生们，或三三两两地聚集在走廊的不同角落，或穿梭在整个教学楼里寻求邂逅新的伙伴。有低声细语，也有放声争执，有开怀大笑，也有苦闷偶生。他们不再过分压抑自己的情感，也学着控制情绪。他们敢于开口，敢于讨论，敢于质疑。培养认知能力和发展情感教育，避免缺乏感情的学习。

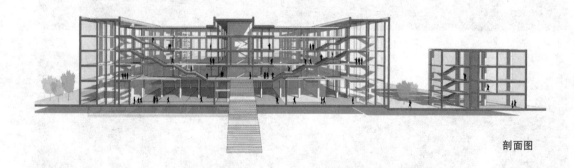

剖面图

内部空间

场景 3：自由畅行

对于一所全日制的四千余名师生共同生活的中学而言，不应把学习和生活的时空看作完全分离的两件事。各功能用房独立成楼会割裂其之间本应存在的联系，且把众多楼分离不可避免地存在把用地不大的学校细分成更多细小的碎片，使整个校园失去内在逻辑联系的问题，比如学生可能会因为实验楼和艺术楼等距离教学楼较远且使用次数不高而不愿经常光顾这些楼。

时间、空间和学生在新的学校建筑中以新的方式被重新交织组合成各种形式，催生出各种学习选择，以及无处不在的学习空间。因此我们大胆地提出将校园建筑分成教学和生活两个建筑主体，并且这两个部分通过一个二层平台有效连接起来，师生的学习和生活活动始终在这两栋楼中。将实验室、艺术教室和普通教室垂直布置在同一栋教学楼的不同楼层，方便学生们自由分配时间，使用各功能教室进行课外实践。

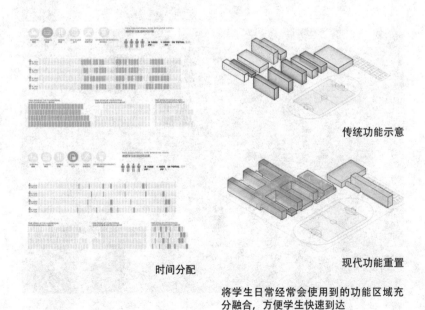

时间分配

传统功能示意

现代功能重置

将学生日常经常会使用到的功能区域充分融合，方便学生快速到达

人行天桥连接了生活区与教学区

场景 4：最佳损友

学生在学校不仅有独立学习的个人行为，还有不可缺少的集体行为，如分组教学、合作学习模式。除了活动丰富的走廊交流空间，普通教室之间穿插设置的合班教室和自习教室为学生们提供了相对安静的研讨空间。这些教室的内墙均为自由可动的墙体，根据人数和需求可由学生自己进行移动，分割或扩大教室的空间，移动组合桌椅的摆放形式，展开一对一，多对一，一对多，或辩论等形式的研究讨论。

交流空间

场景 5：分享无限

看台作为教学楼的基座，与教学部分充分融合。其下设有体育器械储藏间，方便体育课和运动会的器械搬运。同时部分台阶上设计了景观绿化，使看台被绿色环绕，不仅可用来观看比赛，亦成为学生课余时间愿意停留欣赏夕阳的室外交流场所。这种一空间多功能的建筑形式大大提高了学校的整体使用效率，学生们也乐在其中。

景观看台作为整个方案的最大亮点，提供观看比赛场地的同时，提供更多驻足停留欣赏夕阳等休息场所

启迪

学校是有计划、有组织地进行系统教育的组织机构，是为师生提供使用上的便利，成为能激励学生愉快学习的场所。为了能营造这样的场所，我们通过体会学生和老师的角色特征，寻求并利用现代化教育模式作为指导，提出新四中的方案构想。

本文提出建筑师应学会扮演使用者和设计者两种角色，可以使长期作为设计者的我们跳出固有的惯性思维。尝试从使用者的角度，分析他们的需求和需要解决的问题，有目的性和逻辑性地为使用者设计他们自己的建筑空间。

注：该项目正在进行施工图设计，预计 2015 年开工建设。

"技""艺"相生

—— 天津石油职业技术学院的设计思考 | 作者 刘瑞平

项目名称：天津石油职业技术学院
用地面积：33.33 ha
建筑面积：104 500 m^2
设计时间：2012 — 2015 年

秋风像一把柔韧的梳子，梳理着静静的团泊洼；秋
光如同发亮的汗珠，飘飘扬扬地在平滩上挥洒。……
蝉声消退了，多嘴的麻雀已不在房顶上吱喳；蛙声
停息了，野性的独流碱河也不再喧哗。

——郭小川《团泊洼的秋天》

一、石油大国

"锦绣河山美如画，祖国建设跨骏马，我当个石油工人多荣耀，头戴铝盔走天涯……"正是当年那个让人热血沸腾的大建设年代的真实写照，石油行业涌现出铁人王进喜等诸多榜样人物，"一万年太久，只争朝夕"的大庆精神在这里延续。而今，我国仍面临巨大的能源问题，2012 年，我国石油进口数额达到 3.11 亿吨，同比增长 5.6%，对外依存度为 57.8%。也有媒体说这一数字已经逼近 61% 的"十二五"红线。石油供应安全对我国经济、军事形势有着重要的影响。

天津石油职业技术学院是一所肩负着培养适应未来行业需求人才的一所高职院校。因现在的老校区基础设施陈旧，招生规模日趋扩大导致学校资源饱和，教学硬件不适应高等职业教育要求，所以建设适应发展要求的新校区已经迫在眉睫。

鸟瞰图

二、国外相关探索

西方工业化国家建立了完备的职业工人教育体系，并借此大力推进了社会生产力的发展。

德国："双元制"职业教育

德国有着先进的职业教育水平，"双元制"职教理念是产学研教育结合的典范。"双元制"模式的特色是以企业为主的办学体制、以职业能力为核心的培训模式、以市场和社会需求为导向的职教运行机制。这种教育模式将传统"学徒"培训方式与现代职业教育思想相结合。根据受教育者与企业签订的职业教育合同，受教育者在企业以"学徒"身份，在职业学校以"学生"的身份，接受完整的、正规的职业教育。企业与学校交替进行，一般是 70% 的时间在企业，30% 的时间在学校。

新加坡：符合国情的"教学工厂"

新加坡在发展高等职业技术教育的过程中，充分借鉴德国的双元制，同时，也认识到国情的不同，于是创建了新加坡的"双元制"—— 教学工厂。这并不意味着在学校之下再办一个教学实习工厂，或在社会上划定某个工厂定点实习，而是把学校按工厂的模式办，把工厂按学校的模式办，让学生通过生产，学到实际知识和技能。这种教学模式被各理工学院和工艺教育学院广泛采用，推动新加坡高等职业技术教育事业的发展。

我们可以从中借鉴，但依然要结合国情和不同的职业将产学研的教学模式进行改良后使用。

规划校区位置

石油学院位于创业产业园内，西侧紧临新城的文化生态轴，属团泊东区新城的核心区域。

三、规划条件

石油职业技术学校

职业技术学校是以职业技能培训、提升劳动就业水平为主的学校，是中国特色办学模式的产物。

与高中院校或高等院校不同，职业技术学校更有针对性，注重实际动手操作能力的培养。因此现代职业教育模式顺应时代的发展，走"产、学、研"结合之路，通过教学、研究、生产相结合的教学模式能够最大限度地使学生与未来的用人单位接轨，快速适应工作需求，从而产生更大的效益。

这之中应运而生了各种技术类型的职业学校，例如蓝翔高级技工学校更是提出了"把工厂搬进学校"的口号，作为其教学模式的亮点招生引才。

石油学科教学与生产同样是紧密相连的，其相关的实训功能包括石油工程、化工技术、资源勘查、机械工程、电子信息等诸多专业的公共教室、实训教室、实训车间等，将这些生产功能与教室功能充分融合，让学生在学习中便学会使用生产设备。

四、理性设计

设计背景

静海县团泊新城是天津市 11 个新城之一，包括东区、西区和大邱庄片区三个部分。新建天津石油职业技术学院工程位于团泊新城创业产业园区内，西侧紧临新城的文化生态轴，属团泊东区新城的核心区域。新校区规划用地面积为：33.33 公顷（约500 亩），可用地面积为：25.16 公顷（约 380 亩），总建筑面积 104 500 平方米，达到全日制在校生 4900 人规模。

技术与艺术的相遇

设计满足"产学研"教学模式的建筑布局和空间。
1. 产学研三个功能区块既需要明确划分，又需要紧密联系。
2. 不同的专业实训教室对房间开间、层高、电源功率、地面荷载、地面做法、空调设备、污染物处理等都提出了明确的要求。
3. 部分功能房间还有生产流程上的联系，要按生产流程来组合。

转变思维，体验不一样的学习经历

作为建筑师的我们已经很久没有当学生，即便是对学生时代有所记忆，也多是传统的大学校园：用于上课和自习的可以容纳上百人的阶梯教室；提供电脑等设备的语音教室；那些可以称之为专业教室的基本就是我们这些建筑专业学生曾经使用过的画室，每人拥有一套属于自己的桌椅画板，大学五年都在其上伏案作画。

若按照这样的理解，我们设计的学校符合了高校学生的要求，却与职业学校的学生有了不可避免的代沟。所以我们请石油学院的老师安排参观了老校区的校舍，并同学校的老师和同学沟通，了解一些他们在校的切身体验，以及对未来石油学院的期望。

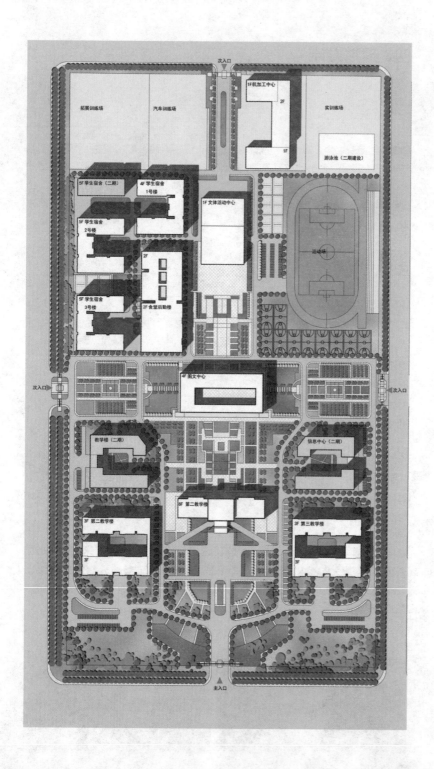

次入口

拓展训练场　　汽车训练场　　1F机加工中心　2F　　实训练场

1F

游泳池（二期建设）

5F学生宿舍（二期）　4F学生宿舍1号楼

1F文体活动中心

5F学生宿舍2号楼

运动场

2F

5F学生宿舍3号楼　2F食堂后勤楼

次入口　　　　　　　　　　　　　　4F图文中心　　　　　　　　　　　　次入口

教学楼（二期）　　　　　　　信息中心（二期）

3F第二教学楼

6F第二教学楼

3F第三教学楼

3F

3F

主入口

110

这样的设计有点像解方程题，在错综复杂的外部条件下要抓住本质，理清脉络，才能将功能合理地组织，方便教学、科研与生产。再后来在近半年的设计过程中，功能房间的排布也成了我们与校方谈论的重点，几易其稿。但是回过头看，虽然有多次重大的调整，但是我们最开始的设计脉络没有什么变化，即对功能要求的分类和梳理，根据产学研流程要求来组织空间。

教学空间各个击破

1. 开间对功能影响：两侧层高 10.5 米的高大实训空间开间是 24 米，4 跨 6 米柱距就是根据两排 4 组机床的摆放而确定的，这里的使用功能直接决定了结构和空间布局。同时采用牛腿柱的结构形式满足天车梁的要求。实训车间的门采用 4 米宽的卷帘门，对着两排走道，使大型设备能够直接由车辆运送到室内的相应位置。

2. 层高对功能影响：二、三教层高 6.4 米就是考虑一层有模拟井架的钻井实训教室和有起降架的汽车修理实训教室有净高 5.2 米的要求。将一层层高统一成 6.4 米，使结构经济，同层无高差变化，大的实训教室直接对外开门，方便使用及设备搬运。机加工主要是焊接、机电，金工实习类的是数控机床和普通机床。机加工车间一层 6 米层高满足焊接实训的要求，二层 4.5 米层高满足钳工数控机床的要求。

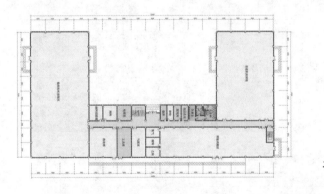

平面图

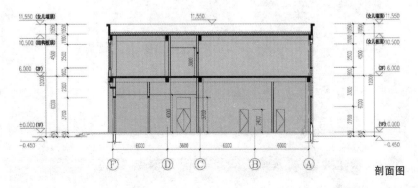

剖面图

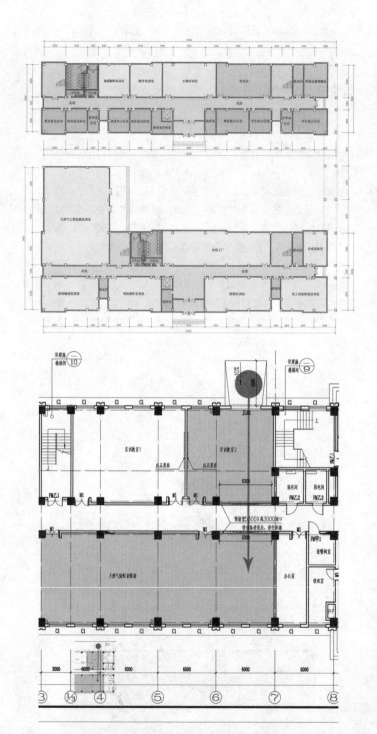

技术与艺术的相遇——设计满足"产学研"教学模式的建筑布局和空间

3. 地面荷载对功能的影响：所有有大荷载实训设备的教室都放在一层，减少结构的荷载，减少造价，同时方便运输。

4. 生产流程对功能的影响：二教分为南北两个一字形楼，南侧主要为与使用要求接近的石化、燃气、储运、石油类实训教室，有污染的化工实训教室也安排在南侧一字形楼，使其不对其他功能产生影响。北侧的一字形楼北向为房间进深大的自动化、机电一体化实训教室，南向为房间进深小的二教相关院系的教师办公室，三教也类似，南侧一字形楼为汽车、数控、钻井、采油类实训教室，北侧南向是三教相关院系的办公室，北向为房间进深大的实训教室。将同院系的实训教室与教室办公室尽量同楼甚至同层放置，以最大限度地方便学生与教师的互动。

5. 使用频率对房间布置的影响：第一教学楼主要安排全校的公共教室、计算机、网络等弱电类的实训教室。使用频率稍高的公共教室放在下面3层。

6. 立面开窗对产学研的影响：在设计过程中对建筑的立面也是反复推敲，使立面形式反映了功能的诉求。考虑功能对立面窗户的影响，教学楼和图文中心都采用开窗面积较大的形式，满足通风采光的要求。实训教室都是开窗较窄的条窗，减少眩光对精密机床操作的影响。因为空调设备对高大实训空间的制冷作用是不明显的，而且还浪费电力资源，所以开窄窗，较多的实墙面积能更好地满足空间保温隔热的需求。

五、其他职业学院

天津电子信息职业技术学院

电子计算机类职业教育学院的建筑设计同样围绕着"产学研"的教学模式展开。学校内有大量的计算机实训教室，同时这些教室的数据和监控都要连接到学院的弱电中心，这就决定了学院有一个面积大、功能强的弱电中心，这也是这个学院区别于其他职业院校的最大特点。同时学院内还有机电器械拼装的实训教室，对建筑设计也提出了较特殊的要求。

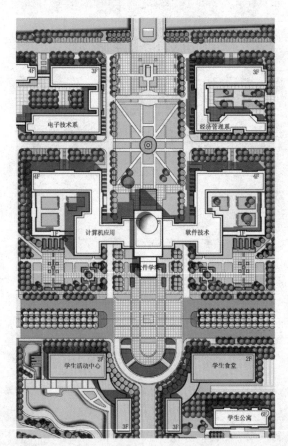

天津青年职业技术学院

青年职业技术学院是一所以烹饪实训教育为主的高职院校，其实训室的功能主要包括实习厨房，冷菜、面食、面点演示等实训教室等。此类实训教室由于需要做烹饪的现场演示，在教室平面功能布局上一端是烹饪演示教学，另一端是学生的课桌椅，这就组成了一体化烹饪教室。因为煎炒烹炸会产生大量的油烟，所以对房间内部的暖通设备提出了特殊的要求，每个教室都要有独立的排烟和通风设备，能快速地排烟换气。在实训楼的平面上，围绕着烹饪教室的是餐具库、消毒室、贮藏室等房间，使其使用方便、功能完善。这些都是职业教育的特点对建筑设计的引导。

注：该项目已于2011年建成。

结语与展望

当下职业教育已经成为我国教育体系中的重要一环，但是怎样为职业教育塑造符合其产学研特点的校园空间及使用功能这方面的实践并不多，而且也缺少有指导性的方法，本文希望借具体的实践案例达到抛砖引玉的目的，引发大家对理性校园空间的思考，加深对产学研教学的理解，为未来职业院校的设计提供参考。

注：该项目已开工建设，预计 2017 年完工。

至情至理

—— 天津开放大学的设计思考

| 作者 廉学勇

项目名称：天津开放大学
用地面积：3.28 ha
建筑面积：24 200 m²
设计时间：2011 — 2015 年

"我们所有的知识都开始于感性，然后进入到知性，最后以理性告终。没有比理性更高级的东西了。"

——德国哲学家康德

开放教育

开放教育是实现一校多区资源共享、校级之间学分互认的理想途径，是教室教育学历与非学历一体化、职前职后相衔接和沟通的有益探索，是传统教育与网络教育相互融合，构建混合学习模式的切入点。

开放教育是相对于封闭教育而言的。普遍认为开放教育具有这样几个基本特征：

1. 以学生和学习为中心，而不是以教师、学校和教学为中心；
2. 采用各种教和学的方法；
3. 取消和突破种种对学习的限制和阻碍。对入学者的年龄、职业、地区、学习资历等方面没有太多的限制，凡有志向学习者，具备一定的文化、知识基础的，不需要参加入学考试，均可以申请入学；
4. 学生对课程选择和媒体使用有一定的自主权，在学习方式、学习进度、时间和地点等方面也可由学生根据需要决定；
5. 在教学上采用多种媒体教材和现代信息技术手段等。

W anasan 开放大学

国际开放大学

成人教育起源于英国，早在 1927 年，BBC 就已经启动了自己的成人教育节目。1969 年，英国创办了世界上第一所开放大学，1971 年正式招生。英国开放大学首任执行校长沃顿·佩里在其所著的《开放大学》一书中写道：开放大学的概念是战后三种重要潮流汇合演化的结果。这三种潮流是：1.关注成人教育的供给；2.关注教育广播的持续增长；3.源于不断扩大的教育平等主义的政治目标。发展到今天，英国开放大学已成为英国最大的大学，采用被叫作"基于支持的开放学习"的教学方法，使用混合媒体和在线资源并配以辅导教师完成全部学业。目前，全世界直接以"开放大学"命名的学校有近 60 所，英国开放大学和阿波罗集团创办的美国凤凰城大学是世界上最知名的两所开放大学，都在开放和远程教育领域取得了卓越的成就。

国内开放大学

中国的开放教育也在与时俱进，追随世界开放教育逐步发展。近年来，大学毕业生持续快速增长，导致就业形势日益严峻，这严重地冲击了人们固有的高等教育观念，使人们对高等教育的需求日趋理性化。中国高等教育逐渐由精英教育向大众教育转变，开放教育引起越来越多的关注。这种开放式的教育既有很强的规律性，又有无可比拟的灵活性，它的施教者——教师，受教者——学生，都是具有极强主观能动性的活生生的人，他们给教育发展注入了更多不确定因素。针对这一特征，现代化的信息技术提供了形式多样、丰富多彩的学习模式和手段，为教育发展开发了更大的空间和潜力。

天津广播电视大学创建于 1958 年，原称天津广播函授大学，是我国第一所以广播函授为主要教学手段的远程教育高等学校。根据天津市经济和社会发展情况以及教育体制改革现状，天津市人民政府决定依托其原有成熟的办学力量，整合教育资源，筹建天津开放大学，综合运用现代教育技术手段，采用先进的基于互联网的自学、面授教学和协作学习相结合的教学模式，为天津市成人学历和非学历继续教育提供服务，满足市民对终身学习资源、管理和服务的需求。

天津开放大学海河教育园区新校区建设工程给了我们一个用建筑语言诠释教育理念的机会。

理性——校园建筑的精神内涵

教育建筑是学习和实践科学精神的重要场所，将理性思维灌输进教育建筑的设计全程，从哲学意义和思想渊源上来看无疑是最恰当的。

设计背景

天津开放大学选址于海河教育园区二期工程的中部，其规划用地四至范围为：东临慧南路和幸福河，南与同心路相邻，西至规划用地，北至科技之家。规划总用地 3.28 公顷。

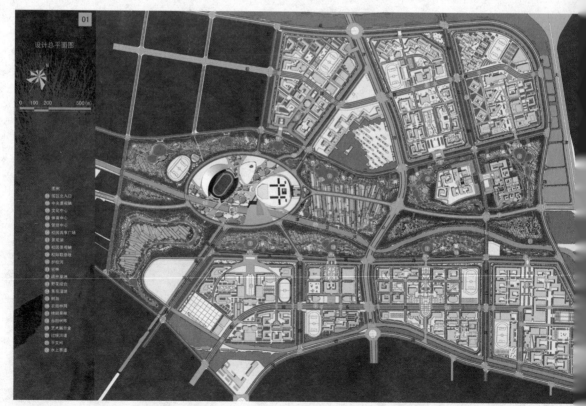

海河园区

设计风格

本案构思以教育建筑创作的精神内涵为出发点，汲取古典建筑文化精髓，即恰当运用的古典建筑处理手法暗合了校园建筑的理性气质。通过古典形式的理性和意志，来反映深厚的校园文化，传输科学严谨的治学理念，以契合天津开放大学"博爱、笃学、和谐、发展"校训之精神。

从海河教育园区其他校园的规划设计来看，也都采用了不同风格的西方古典建筑形式，营造了强烈、独特的校园文化环境氛围，在天津开放大学新校区的建筑风格上选择古典建筑形式也就顺理成章。追求纯粹理性和几何逻辑性，表现结构、构造和空间的清晰和完整，从形式和内涵体现古典主义的韵味。

设计原则

天津开放大学与普通的教学楼或行政办公楼不同，是集数字化资源研发制作、远程教育支持服务、考试科研以及专家服务等四大功能于一体的综合性建筑。各功能区在该建筑内的分配要根据其专业特点、空间尺度需求、资源共享条件以及有利于提高效率的原则考虑，各功能空间既要相对独立，又要方便联系。在这里功能无疑是第一位的。如此众多复杂的功能空间置于同一幢建筑物内，明确的功能分区和交通组织是解决这一矛盾的有效办法，我们通过水平和垂直交通流线将各功能区一一串联，形成理性、高效、便捷、有序的立体内部空间结构。

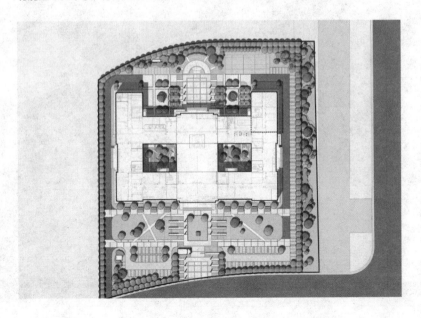

设计方法

主楼布置在校园基地的正中间，正对校园主入口，建筑整体形态为"日"字形布局，呈现"中心低、四周高"的空间形态。建筑中轴线设置整栋建筑的核心区即一个两层通高的共享空间作为学习咨询大厅和数据包展示空间，按照门厅—序厅—大厅的空间序列，以房间面积和建筑层高的变化形成强烈的空间对比。东、西两翼采用内廊式空间组织形式，呈"口"字形环绕核心区，并向两侧展开，自然围合成两个内庭院空间。建筑整体中轴对称，每一个房间都是矩形的。空间形态通过面积和高度的变化形成多层次的空间格局；均匀的平面布局保证了建筑体量和四个立面的完整性，又利用内院减小建筑进深，在用地紧张的地块内形成良好的内部休憩庭院，并圆满解决日照、采光和通风的需求。

院落空间

尽管建筑主体是西方古典建筑的形式，但是平面格局有着中国传统教育建筑的代表形式——书院的味道：重重院落，主次分明，联系紧密，使用方便，这种典型格局体现庄严肃穆、平和宁静的空间氛围，以及井然的理性美，空间层层叠进，给人一种深邃、悠远、威严、庄重的感觉。这种院落式的平面格局在西方也极为常见，如剑桥大学三一学院、多伦多大学等也是院落相接，建筑实体与院落相互映衬，虚实相映，富有变化和情趣。

立面形式

建筑立面设计风格力求明快、色彩稳重，给人以亲切感。在建筑整体风格设计上体现出西方古典主义建筑的气韵，提炼保留了欧式建筑特有的三段式划分，摒弃了古典主义烦琐的装饰细节，代之以简洁、自由、大气的设计手法。所有的建筑立面在设计上均不是呆板的平面，而是结合平面使用功能在相应部位增加立面特殊单元设计，或凹入，或凸出，或转折，建筑造型不会因直线墙面的生硬产生呆板的感觉。在推敲比例关系时通过仔细认真的比较，重复运用尺度合宜、比例匀称的柱式和简化的欧式窗套，使得建筑立面富于韵律、秩序井然。运用实墙面和外窗在立面上的虚实对比，粗犷的石材基座和上层细腻平整的清水砖墙的质感对比，充分表现了西方古典主义设计手法所追求的情趣和天津特有的建筑文化底蕴。我们从中是否也隐约看出法国卢浮宫东廊那充满理性和庄重的影子？

结语

尽管这个方案从空间到实体极力凸显理性思想的诠释和表达，但是并没有忽视人们情感上的体验。终究建筑是为人服务的。空间序列富有情趣的组织安排、内庭院室外景观与室内空间的渗透和交流、局部室内开放空间的设置等处理方法都避免了单调沉闷的感觉；现代化的教育模式、数字技术的普遍应用与象征古老传统的古典建筑风韵形成的有趣对比也给人以新鲜的感受。贝聿铭说过，建筑是门社会艺术。建筑在保留建筑师的个人风格和地方人文情调外还是得依靠现有社会生产能力和技术作为保障，并不可避免地影响建筑美学、形式、材料、构造、尺度等问题。建筑作为一种为人类服务的工具除了要满足该建筑应有的使用功能（理性层面，合理的建筑布局、路线流程以及功能安排等）外，还应满足人类情感上的需求（艺术层面，建筑美学对人情感上的影响等）。建筑师应该对这些因素驾轻就熟，理性和感性同样重要。只有当艺术与技术相结合才可能创造出完美的建筑。我们希望通过开放大学海河教育园区新校区建设工程的创作实践，打造出符合建筑本质特性和精神内涵的建筑精品。

注：该项目已于 2014 年动工，预计 2015 年 9 月竣工，目前进展顺利。

新双城记

—— 新领军者公寓的设计思考

| 作者 陈旭

项目名称：新领军者公寓
用地面积：4.6 ha
建筑面积：131 600 m²
设计时间：2013 — 2015 年

外面是一座城，里面是一座城。外面的城是我们的安身立命之所，热情喧闹、极其繁华，给予希望和动力的都市；里面的城是我们的悠然居家之所，舒适静谧、精致闪耀，繁华都市中隐身的静巷清流。我们的工作始于一个造城的概念，为客户创造一座外喧内静的城的概念；我们的工作终于一个营城的方法，一个从终极需求与细节品质出发的设计方法，留下的是一个精致静谧且符合居者所需的居住之城。

——题记

尊贵私密　　　　　　　　　　　　家庭生活　　　　　　　　　　　　休闲生活

技术路线

1 目标人群锁定	2 居住需求定位	3 居住产品研判	4 精细化设计
部门主管	舒适静谧	住宅类	户型设计
技术骨干	尊贵荣耀	酒店类	立面设计
外派人员	生活方式	酒店公寓	公共空间
外籍人士	生活趣味	公寓酒店	走道空间
三资企业	生活品位	销售型	智能化
外资企业	生活境界	租赁型	安防设置
合资企业		统一管理	生态
		分户管理	

交流空间　　　　　　　　　　　　商务接洽　　　　　　　　　　健康生活

一、目标人群锁定

设计师的工作原点是观察。观察世界、观察人类、观察文化。于是我们的工作从了解客户群开始。

项目处于新梅江的开发区域，此区域的城市接入点很强，周边是经过多年发展已经成熟的梅江南高档居住区，区内包括天津市会展中心、皇冠假日酒店、和睦家医疗、南开翔宇学校等一系列高档完善的资源配套，地块区域与周边环境能够做到很好的资源共享；地块区域虽非城市的焦点区域，但极具发展潜力。通过分析周边区域情况，我们看到由于地块靠近西青技术开发区、静海健康产业园等一系列国家扶植的产业及科研基地，为未来的交互式发展提供了很大的便利。地块的重点目标客户是开发区内或产业园中外资或三资企业的具备相当经济能力的高管、部门主管、技术骨干和外籍人士。

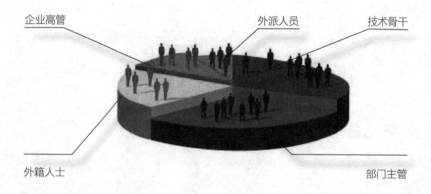

企业高管　　外派人员　　技术骨干

外籍人士　　部门主管

二、居住需求定位

告别大都会的喧嚣，经过名利与财富的洗涤，生命中最珍贵的部分，会更加清晰，盛世的繁华，遗世的清净。

由于临近西青经济技术开发区，又与梅江成熟区域隔路相望，我们的目标客户多集中在金融、IT、制药、先进制造业等行业。针对这样的一个客户群，我们专门研究了他们真实的工作状态，对于这些商界精英来说，很多人属于典型的工作狂，有的早上 6：30 起床，从上午 9 点到下午 2 点，集中处理中国事务，下午 2 点到晚上 11 点，是欧洲时间，而晚上到第二天一大早，则是北美时间。这些人员的存在主要以轮岗或外派的形式存在，所以在锁定的客户群中，通常以长租为主，短租为辅。我们在产品形式的设定中希望提供酒店式服务并为客户提供物业及配套服务，增强客户的归属感和居家感。同时还设定一些短租客户，一方面是为了通过竞争性定价和促销，提高入住率，另一方面，是为了满足大型跨国公司中常有的因不同办公部门之间的协作而带领团队一起入住一段时间的需求。

基本情况

序号	名称	性质	物业公司	套房数量	套型比例	套型类型/面积	停车位
1	北京威斯汀酒店公寓	依托酒店威斯汀酒店	与威斯汀酒店共用酒店管理公司	205套	一居 / 二居 / 三居	97套 60-70 m² / 55套 130 m² / 45套 156 m²	与酒店共用
2	北京银泰公寓	依托酒店柏悦酒店	产权销售第一太平戴维斯物业管理	245套	一居~二居 / 三居	215套 100-200 m² / 44套 300-500 m²	与酒店共用
3	北京国贸公寓	依托酒店中国大饭店	与香格里拉酒店集团合营（一年起租）	401套	一居 / 二居 / 三居	70 m² / 99-128 m² / 158 m²	与酒店共用
4	北京紫檀万豪行政公寓	独立酒店式公寓	万豪旗下万豪行政公寓	168套	一居 / 二居 / 三居	101套 108-116 m² / 24套 200-208 m² / 40套 233-286 m²	90个

北京考察结论

序号	名称	租户类型	住客租期比例		租期说明	承租率	收回成本时间	备注
1	北京威斯汀公寓	外籍居多	长租 70%	短租 30%	15天起租一般月起租	85%以上总205户常住175户		平日注意维护翻修
2	北京银泰公寓	外籍较多	长租 70%	短租 30%	无要求			产权式
3	北京国贸公寓	国人居多	长租 100%	短租 0%	年起租	90%以上（受今年市场影响、平常在80%左右）	20~30年	每10年需再投入进行重新装修
4	北京紫檀万豪行政公寓	国人居多	长租 70%	短租 30%	月起租	85%以上		

三、居住产业研判

1. 天津本土现状及产品定位分析

在经过繁复而庞杂的调研工作后，我们发现天津目前还没有任何一家公寓类产品能够满足上述目标人群的居住需求。在北京的公寓项目中，其中以由酒店类管理公司管理的公寓项目较为高端。而在天津由酒店类管理公司所管理的公寓类项目中，其管理公司均为酒店管理公司的下一层级的管理公司。例如雅诗阁集团作为专门的酒店管理公司，旗下包含雅诗阁、盛捷、馨乐庭三个不同类别细分的产品，针对不同细分人群。而天津地区的产品仅有奥林匹克盛捷和盛捷友谊公寓、盛捷国际大厦三个产品，还没有雅诗阁旗下的第一层级产品。同时，天津地区的其他产品也都定位为中端公寓类产品。其硬件配比方面占 15% 左右。而较之同类的北京与上海方面的产品，多为酒店管理公司的一线产品，同时在硬件配比方面，由于通常与酒店部分共用硬件配套设施，显得异常丰富。若将酒店部分的配套设施包含在内，配套比例常高达 30% 左右。这是一般的公寓产品与住宅产品所难以企及的。在社区周边配套中，列出了区域配套所能提供的服务内容，这包括一系列教育设施、卫生设施、邻里中心等服务设施内容。然而，这些设施仅仅是常规项目中的配套服务设施，并不能满足我们在高端人才公寓中的服务设施内容与比重。在分析了高端公寓类的配套设施的内容后，我们发现，在公寓类，尤其是酒店式公寓类产品的配套中，配套服务类别与配套服务内容更有针对性。这些图表是我们在分析了一线城市酒店类公寓产品的配套设施后列出的数据与内容。可以发现，用户对商务类服务的要求比通常的设施明显偏高。这样的市场空缺与产品的研判，也明确了我们以酒店式公寓的思路做高端人才公寓的定位。

国内酒店式公寓规模

国内高、中端酒店服务公寓规模统计表

酒店服务公寓级别		高端酒店服务公寓					中端酒店服务公寓				
管理公司	管理公司品牌	奥克伍德（豪景）	雅诗阁（雅诗阁）		辉盛国际（辉盛阁）		Marriott万豪国际集团	泰达国际酒店集团	雅诗阁有限公司		
	坐落位置	广州方圆奥克伍德服务公寓	上海雅诗阁服务公寓	北京雅诗阁服务公寓	北京辉盛阁服务公寓	上海辉盛阁服务公寓	天津万豪行政公寓	天津泰达国际会馆	天津盛捷奥林匹克大厦服务公寓	天津盛捷友谊服务公寓	天津盛捷国际大厦服务公寓
户室类型	总套数	225套	322套	184套	357套	317套	96套	65套	185套	250套	105

客户群：
1. 外籍高管；
2. 外资企业技术人员；
3. 外籍教授、研究人员；
4. 国内大型企业的高管；
5. 金融等政府机关外地住津人员。

国内酒店式公寓户型及面积统计

国内高、中端酒店服务公寓户型面积统计表

酒店服务公寓级别		高端酒店服务公寓					中端酒店服务公寓				
管理公司	管理公司品牌	奥克伍德（豪景）	雅诗阁（雅诗阁）		辉盛国际（辉盛阁）		Marriott万豪国际集团	泰达国际酒店集团	雅诗阁有限公司		
	坐落位置	广州方圆奥克伍德服务公寓	上海雅诗阁服务公寓	北京雅诗阁服务公寓	北京辉盛阁服务公寓	上海辉盛阁服务公寓	天津万豪行政公寓	天津泰达国际会馆	天津盛捷奥林匹克大厦服务公寓	天津盛捷友谊服务公寓	天津盛捷国际大厦服务公寓
户室类型	单间	53~78	44		45						
	一户室	85~108	80~85		55~92		90~100		70~110	80~90	80~90
	两户室	138~173	103~163		135~155		150~170	140~160	110~160	130~140	110~130
	三户室	195~210	165~205		169~189		180~200	180~200	185~250	200	190~210
	四户室及以上	230	270		249				330		

项目对比

客房设施	万豪行政公寓	泰达国际会馆	盛捷奥林匹克	盛捷友谊公寓	盛捷国际大厦	占有率
厨房/小厨房	●	●	●	●	●	100%
冰箱	●		●	●	●	80%
洗衣干衣机			●		●	40%
保险箱		●	●	●		60%

客房设施： 纯酒店式公寓居家氛围更浓郁，但天津市整体水平有待提高。

交通运输	万豪行政公寓	泰达国际会馆	盛捷奥林匹克	盛捷友谊公寓	盛捷国际大厦	占有率
机场接送/班车	●	●	●	●	●	100%
泊车	●	●	●		●	80%
租车服务		●	●	●	●	80%

交通运输： 酒店提供机场接送服务，纯酒店式公寓提供联络城市中学校、购物及商务设施的班车。

项目对比

商务支持	万豪行政公寓	泰达国际会馆	盛捷奥林匹克	盛捷友谊公寓	盛捷国际大厦	占有率
宽带网络	●	●	●		●	100%
WIFI			●	●	●	60%
免费高速上网	●					20%
商务中心	●	●	●	●		80%
会议空间	13间会议室 共计 4552 平方米	2间会议室 1间报告厅 2间贵宾会议厅 共计 1025 平方米	1间会议室 可容纳15人	1间会议室 可容纳10人		80%
秘书服务					●	40%
邮寄/包裹服务		●	●		●	60%

商务支持： 纯酒店式公寓的会议功能与酒店相比大大减弱。

项目对比

软性服务	万豪行政公寓	泰达国际会馆	盛捷奥林匹克	盛捷友谊公寓	盛捷国际大厦	占有率
客房清洁服务	●	●	●	●	●	100%
干湿洗衣服务		●	●	●	●	80%
擦鞋服务			●	●	●	60%
客房送餐服务		●		●	●	60%
儿童看护保姆服务			●	●	●	60%
ATM取款机				●	●	40%
外币兑换服务		●		●	●	60%
机票订购服务		●				20%
会议/婚礼筹办策划	●					20%

软性服务： 纯酒店式公寓更加突出更便捷居家生活的服务需求。

2. 地块容量分析

根据我们的项目调研，我们分别梳理出所调研的公寓类产品的高端类型和中端类型，在这些类型的公寓产品中，我们发现，高端公寓类产品包含单间、一居室、二居室、三居室和四居室类的户型，而中端公寓类产品虽然户型内容与高端公寓的类似，但单开间的户型比例明显要高出许多，如下图所示。每一种产品类别的占比细节变化都体现着高端项目与中端项目的本质区别。

本项目户数容量计算

面积区间和户型配比计算表（面积取值含交通核与走廊公摊）

高端公寓社区户型配比表					中端公寓社区户型配比表				
	面积	比例	面积取值	户数	面积系数		面积	比例	面积取值	户数	面积系数
一室户	80~92	30%	100	42	30	单间	44~72	10%	50	24	5
两室户	103~143	50%	150	83	75	一室户	70~110	40%	80	174	32
三室户	169~203	15%	220	73	33	两室户	100~130	40%	120	174	48
四居及以上	230~500	5%	270	11	13.5	三室户	170~210	10%	180	124	18

总建筑面积11.5万㎡　　公寓部分：8.625万㎡　　配套部分：2.875万㎡

高端公寓社区：3.45 万㎡ **(占公寓总面积40%)**　　面积系数加权值：151.5　　3.45万㎡ / 151.5=228

中端公寓社区：5.175万㎡ **(占公寓总面积60%)**　　面积系数加权值：103　　5.175万㎡ / 103 = 502

228+502= 730　　　总共730套公寓

本项目户型面积区间

确定本项目面积区间

高端酒店服务公寓(占公寓总面积40%)		中端酒店服务公寓(占公寓总面积60%)	
户型	面积区间（㎡） (含交通核与走廊公摊)	户型	面积区间（㎡） (含交通核与走廊公摊)
单开间		单开间	44~53
一居室	80~100	一居室	70~90
二居室	113~153	二居室	100~130
三居室	180~210	三居室	170~190
四居室及其他	230~500	四居室及其他	

注：公寓居室出房率为75% ～ 80%

3. 居住产品研判

酒店式公寓是一种前瞻性的物业形态，一种不可忽视的高端产品形式，可以为客户提供舒适的家居环境和便捷的商务平台。这样的平台可以兼顾精神与物质，生命才能从容。因为巅峰人士的事业与生活，像一座越来越难平衡的天平，如何才能使之有一种大隐隐于市的绿意，将居家静静地包围。林语堂先生在《生活的艺术》一书中说道：生活的最典型为中庸生活，在动与静之间，找到一种完全的均衡。我们的设计如何为这些高端人群找到这样的动静平衡成为了设计研发工作的重中之重。

针对我们所要服务的客户群，我们设定了专门的产品策略：出租市场采取两种形式经营。一种是作为长包房经营，提供酒店服务；另一种短租市场，则通过竞争性定价和促销，为客户提供物业及配套服务，逐步提高入住率。而在这两种细分市场中面积比例和配套的权重是甲方不曾提供给我们的，在项目的前期研发中，在户型的定位上长租以大面积、大面宽、采光充分为特点，短租以小面积、大面宽为特点。户内居住空间功能分区简洁、明确，公共空间和私密空间可以自由组合，尽显个性化魅力。在具体的设计中我们将办公大楼的大面开窗概念引进住宅中，客厅创造将近六米面宽的弧形落地长窗，让居家的呼吸与大自然的气韵融为一体，无所不在的光影，将生命中最珍贵的部分照耀得更加鲜明而清晰，把主角留给鸟叫蝉鸣的大自然。

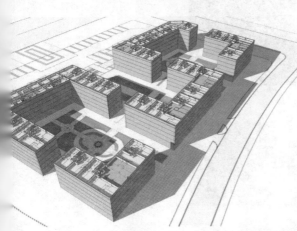

标准层平面

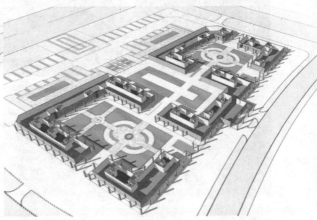

首层平面

四、精细化设计

1. 商业业态精细化设计

酒店式公寓产品定位的硬件要求。酒店式公寓产品硬件方面的定位是很重要的一点。这其中包括产品的规划、园林景观、户型定位、配套设施等方面的支持。产品定位的"支点"要有相应的硬件支持。在配套服务设施的硬件配比上，我们调研并参考了国内同类及高水准的物业管理公司旗下物业，对配套设施类型、配套设施内容和配套设施配比进行了详尽的调研和数据整理。在设计上，我们提出了走动式商业和驻留式商业的概念。我们将外圈沿解放路一侧的商业设置为走动式商业，这样北侧地铁站形成便捷消费的场所。这种消费场所里的停留时间并不长，业态也是通常所见到的社区配套及服务，包括便利店、洗衣店、采购、熟食、快餐等一些即买即走式的业态。这种业态的店铺因为展示面的需求，在开间上有一定要求，而在进深上没有太多要求。而位于高端公寓底层的服务，由于其内向型的特性，将其业态设置为驻留式的空间。多为商务会客室、洽谈室、健身中心、休闲会所、雪茄吧、私人会所等形式的业态，这样的业态空间通常不需要很长的展示面，但对进深有着比较高的要求。这些业态的活跃同时得益于我们在这次领军者公寓设计中提出的一个空中连廊系统。这个空间连廊系统，不仅串联了酒店式公寓的走动式商业模式和驻留式商业模式，更使得公寓内部的活动和交流变得便捷而丰富。

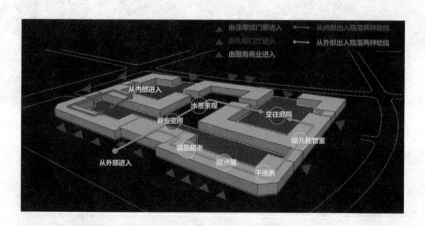

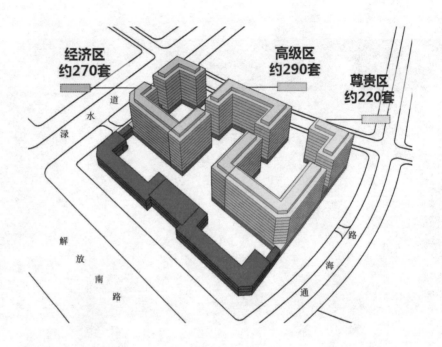

经济区
约270套

高级区
约290套

尊贵区
约220套

水 渌 道

解 放 南 路

路 海 通

2. 居住类型精细化设计

通过上述产品研判中的公寓户型设置的模式，我们对新领军者公寓中的产品也进行了市场细分与产品区分。我们将公寓部分分为经济型和尊贵型。两种类型在软件及硬件的服务水平上都具备了一般公寓无法提供的酒店式服务，比如 24 小时的客房服务、安保服务和其他私密性的服务。尊贵型相比经济型在服务类别上能够享受更多的私人定制化需求。同时，酒店式公寓在规划设计上要力求精致、快捷、舒适、品位，消费者选择酒店式公寓的原因也在于此。在园林景观的营造上有更深层的文化、精神追求。在户型的定位上一般讲究小面积、大面宽、采光充分，户内居住空间功能分区简洁、明确，公共空间和私密空间可以自由组合，尽显个性化魅力。

结语

新领军者公寓的设计是我们使用科学的研究方法进行的一次设计的探索和实践，也是我们在为甲方服务的过程中，积极设身处地地想甲方之所想，急甲方之所急。把自己当作开发商设计部，才能集产品设计及市场应对于一身做出好的作品。

注：该项目由于土地问题尚未启动。

03

文脉·尊

以发展之名摧毁城市留给我们的印记，就能证明我们有能力创造比过去更辉煌的历史吗？城市留给我们的是无言的传统，当我们为发展而纠结于它的价值时，正在快速失去它留给我们的财富。

—— 赵春水

十年之路

—— 西开教堂周边保护与再生设计

| 作者　赵春水　刘畅

项目名称：西开教堂周边

用地面积：13.6 ha

建筑面积：24 000 m²

设计时间：2003 — 2013 年

"它们从任何意义上都不是我们任意处置的对象，从某种程度上来说我们只不过是代管人而已。"

——英国古建筑保护协会　威廉·莫里斯

西开教堂地处商业区中的黄金地段，是神秘而又静谧的城市中心后花园。近一个世纪以来，它以独有的魅力征服了千千万万的人。但近年随着该区域的发展，尤其是宝鸡道花鸟鱼虫市场和南京路商圈的发展，西开教堂不仅面临自身建筑老化、用地萎缩等问题，其周边恶化的环境氛围更使其陷于拥挤混乱的夹缝之中，难以发挥其宗教、观光、旅游等作用。因此，其对空间品质改造提升的要求显得十分迫切。

区域现状航拍

外景实景拍摄

它，安静而又低调地矗立在那里，斑驳却精致的围墙似在诉说它的故事与变迁；名木古树掩映着它历史的芳华与厚重。信步入院，顿时有一种神圣静谧的感觉，忍不住放缓脚步，低声细语。当我们的设计团队以一种探访者的心态踏上这片土地时，心灵却被彻底震撼了。

于设计之始，这组教堂群落就向我们展现了它强大的魅力与力量，并贯彻始终。

昨 ——文化、历史变迁

现今西开教堂所处的区域新中国成立前名为"老西开"。老西开是当时法租界西边的一块开洼地，由于它紧临租界，法国当局一直很想将这块地盘划入法租界。

而当时正是天津的天主教发展最为迅速的时期。主教会望海楼教堂面积狭小，难以满足教会发展的需要，因此罗马教廷决定在天津设立教区，修建新的主教府和大教堂。法国租界当局看到了这一大好良机，并把这一机会当成了扩大租界的最好借口，将教堂新址选在了老西开。同时还在此修建了修道院、教会医院、法汉中学。从此，西开教堂就成为当时天津天主教会区域的中心，而这一区域亦凭此成功晋级为当时风光无限的政治、经济、文化中心，一时风头盛起，地位尊贵。

这座位于区域中心的精致的罗曼式教堂建筑，楼座以红、黄花砖砌成，上砌翠绿色圆肚形尖顶，檐下半圆形拱窗。耸立的三座高大塔楼庄重华丽。绕过前院圣水坛，缓缓步入厅堂，内墙彩绘壁画、装饰华丽。中央高大的穹窿顶，通过八角形鼓座与支撑拱架廊柱相连。整体内部空间中弥漫着一股神秘的宗教气息，那些随处可见的安静沉思祷告的人群更是加重了这一氛围。

这使我们意识到，西开教堂的价值不局限于文物遗产物质价值，更重要的是其中蕴含的精神意义与那些等待疏解的精神诉求。

新中国成立前的老西开区域

2004 年方案效果图

2007 年方案效果图

今 —— 走过的路 ……

西开教堂是天津市现存唯一一座"国家级"保护文物。随着近几年区域改造规划的逐步成熟，规划目标也随着各种阻力的疏通而变得明晰。下面，我们将逐级盘点西开区域保护规划的"十年之路"：

2003 — 2005 年，西开教堂区域保护性规划项目启动。规划方案参考上海徐家汇大教堂案例及天津市卫生文教资源布局调整规划，拆除或异地置换国际商场、二十一中学、西宁道小学、和平区房管学校、中心妇产医院等现状建筑，围绕西开教堂大手笔的拓展空间布局来进行，后因实际拆迁、置换等因素方案未能推进，方案搁置。

2006 — 2008 年， 借助迎奥运城市综合治理改造的契机，南京路围绕西开教堂区域再度被列为市重点改造提升区域。陈质枫（时任副市长）亲自主抓该项目。为尽早推进规划实施，经过各方协商洽谈，方案在之前基础上对拆迁、置换区域采取了较保守的方针，拆迁区域集中在教堂的东、南、西三面，且全部为已经确定有拆迁和置换方案的，摒弃了前稿方案对北侧国际商场等的大动干戈。后因西宁道小学、中心妇产医院等实际拆迁、置换发生变化，方案搁置。

2009 — 2013 年， 随着全市规划改造提升大块面完成，西开教堂区域多年未曾改变且进一步恶化的现状引起多方关注。因此其被和平区列为实事求是推进改造的重点工程。熊建平（时任副市长）亲自主抓该项目。规划方案在平衡各使用方利益的前提下，通过用地置换形成"以西开教堂风貌保护区为中心对称的空间形式"。

2013 年 4 月 23 日， 黄兴国（时任市长）专题听取并原则同意规划方案。规划成果审批通过。

独山路形成沿路市场　　　　　教堂北侧视线遮挡严重　　　　　教堂贴建低品质违章建筑

明 —— 为了明天的思考

"西开模式"源于新时代经济各方利益平衡的实践要求。商业利益平衡绝非我们的目的却是须考虑的重要因素；它对方案能否实施有至关重要的作用。因此，类似"西开模式"项目在我们生活中比比皆是，此类从兴起到沉没而后复活反复的项目更是不胜枚举。

2012 年冬，设计小组重新对该区域现状进行了实地调研，重新摸底后的现状情况不容乐观，我们面临很多待解决的现实问题。比如，教堂前方的国际商场对西开教堂的视线遮挡；独山路形成沿路市场，小摊商贩云集，违规搭建十分普遍；复杂的土地权属与建筑使用状况为拆迁工作增添了难度；教堂沿街整体街景凌乱……最重要的是，教堂西侧的吉利花园与继贤里组团居民维权意识十分强烈，围墙地界与日照都是设计师需要密切关注的……

当"西开模式"遭遇了"保护规划"，设计师更切实考虑的是如何能将这块地做"活"。方案落下去，保护才能实施起来。

一、经济先导 ——这一场有时代特色的革命

很多充满传统复古思潮的文物保护工作者，常从"保护主义角度"反对这种"西开模式"。他们认为经济先导不利于文物保护，认为经济反制是怪兽，能够湮没一切，吞没一切。

但从更为宏观的社会学角度来说，保护规划的意义就不单单局限于文物本身的价值，而更多的是对周边环境的价值保护与提升。城市生产总值与保护规划也不再是单纯的反义词，却是更为聪明的远虑。

长远来看，经济先导保护规划带来的隐性收益十分可观。其模式是在更大的圈子循环中寻求发展平衡。基于提升区域建筑品质—宗教旅游业发展—黄金街区更多商机—增多就业岗位模式，这一良性循环能给区域增添更多活力。而设计师的角色就像在这一大循环中被投入的促使其不断加速的催化剂。

基于此背景，2013 年重新开始设计后，为保证项目的可实施性，各方协商并制定了**"均衡协调利益，经济先导保护规划"**的指导原则。具体来说，在规划布局上，西开教堂在保证其现有用地面积与建筑面积不减少的条件下，拆除有碍文物风貌的违章建筑，并新建建筑作为补偿供其使用。对于中心妇产医院，则在保证其用地面积不减少的前提下，重新规划批复指标。

"经济先导"在这场保护规划的革命中已成为一个出镜率很高，甚至主控决定的方向论调，从而被赋予了鲜明的时代印记。

2013 年最新规划方案总平面图

现状实景拍摄

西开项目，如何在能够落实保护规划的同时尽力提升经济收益，各方力量可以说动足了脑筋。这寸土寸金地块中的最优点位——西宁道与营口道交口自然成了兵家必争之地。作为首选的商业空间，信徒、游客与病人家属保证其大量的人流，优越的地理位置与便利的交通保证其经济效益。同时，设计师还贴心地将此地块中待建的商业建筑地下室顶板设计得高出室外地面 1.4 米以实现自然采光，在不影响地上建筑面积计算的同时将地下商业价值由原先的 68% 提升至 88%。在规划层面最大限度地提升未来经济收益。

但在做好经济先导的同时，我们必须时刻牢记设计的初衷，延续保护的本质。将重点放在对建筑空间的保护、发展与营造上。每个建筑空间都是有情节的，什么空间将要发生什么事情，空间之间与事件之间又有怎样的联系，这就好像是一个在不停传承的故事，未完待续。而作为后人，继承与发展并传递历史文化是我们每一个人的责任、荣誉与使命。

因此，"经济先导"是我们最为有效的手段，却从来不是我们的目的。

二、空间恢复 ——历史烟云笼罩下的经典传承

天津是一座有故事的城市。无论是开埠发展抑或血泪的近代历史，都为我们遗留下许多古迹宝藏。著名的大沽北路、经典的五大道、古朴的望海楼、西开教堂……都是传统或现代的欧式建筑。欧式建筑活跃于这座城市，并形成了耀眼的一条脉络。这些建筑各有特点，地道精细又无一例外地做到体量、细部恰到好处。这使接手保护规划的建筑师常常感到"压力山大"，一方面积极推敲各种体量风格，不敢不殚精竭虑；另一方面，又常背负着"假古董"的舆论压力，民众眼光分外挑剔。

作为华北地区保留下来最大的一座罗马式宗教建筑，西开教堂总建筑面积约为1585平方米，可同时容纳近1500人。其建筑平面呈拉丁十字形。在教堂主入口处，由6根白色科林斯柱分列两侧支撑着上部的3层拱券，拱券逐层内收，层次分明，并与黄色的拱墙、紫红色的木门形成了空间与色彩的有机结合。从正门进去是宽敞的礼拜厅，内部由多角柱组成的柱廊支撑着顶部大大小小的半圆券顶，顶部中央高高的穹窿顶与周围的券顶起伏相连。

而其华丽高耸的礼拜厅内部最高点接近20米。绝对的静谧以及如此高的高度，让人置身祷告席顿觉神圣氛围环绕。抬头望去，形状各异的高大采光窗均以彩色玻璃镶嵌，且饰以梅花形彩绘图案，令人感受到艺术的浪漫与建筑工程技术逻辑的完美结合。

研究教堂主要展示界面的空间尺度

对于教堂主要形象展示面—— 北立面，国际商场的变迁对其产生了很大的影响。20世纪90年代初，国际商场重新改建，而后由于发展空间的需要，于其两侧各加建了二层耳房作为扩展使用。

加建后的国际商场对西开教堂主立面产生了严重的遮挡。方案拟拆除国际商场两侧耳房，假设街道高度与宽度比为H/D，当D/H > 1时，随着比值的增大会逐渐产生远离之感，超过2则感觉宽阔；当D/H < 1时，随着比值的减小而接近压迫，而当H/D=1时，高度与宽度之间存在一种匀称之感。显然，H/D=1是空间性质的一个转折点。

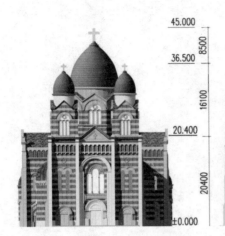
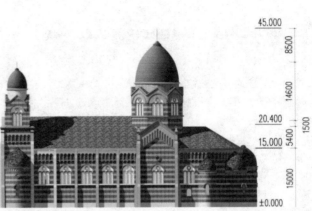

西开教堂 建筑尺度研究

1949 年以前的西开教堂　20 世纪 80 年代国际商场与西开教堂　　　现今国际商场与西开教堂

将理论应用于项目中，通过对实际街道尺度测量得出，

拆除耳房前 H:D= 10.5 m：12 m ≈ 1:1

拆除耳房后 H:D= 25 m：27 m ≈ 1:1

行人行走时空间感基本未受到影响。但不同的是，教堂前方的视线得以打开，建筑风貌得以完整展现。

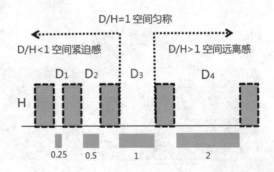

三、环境改善 —— 重视周边环境品质提升与保护

改造前的西宁道街面整体鱼龙混杂，建筑品质参差不齐，小摊商贩云集，甚至很多地方感觉十分破败，根本谈不上空间品质的塑造。

重新规划后，仔细测算并拆除违规搭建的同时，尊重先前建筑风格文化基因，对整体沿街街面的建筑风格重新进行统一，使得空间构成较为和谐的"一主两副"的空间态势。环境品质与空间效果均得到大幅度提升。同时，对新建教堂配套建筑与资金平衡地块商业建筑的业态平面空间在遵循传统的同时进行了仔细的考虑与排布。

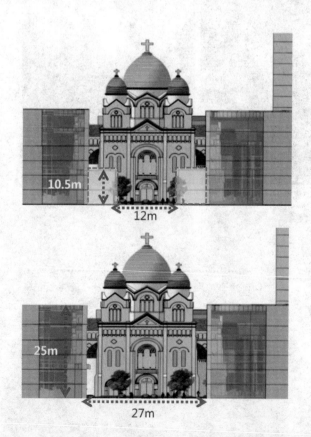

四、安全维护 —— 对教堂防火安全及其疏散通道尺度进一步修正规划及复核

原先的独山路被小摊商贩占领，实际无法通行机动车与消防车辆。规划中重新定义了场地内的消防环路及道路尺度。同时，在保证消防车环行畅通的前提下，于主教堂两侧设置供人步行的石钉路。行人缓行于此，观赏教堂景观。教堂的价值得到最大限度的展现。同时，设计还考虑了现状继贤里小区车流出入与中心妇产医院后勤出车的需要，使居民、医院后勤进出与教堂人行石钉路各司其职、互不影响，分区明确。

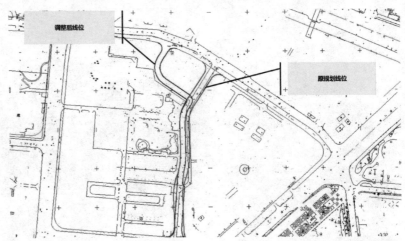

独山路线位调整

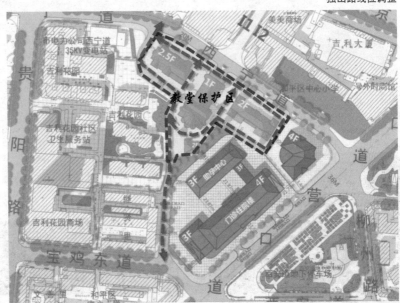

规划后场地内消防通道

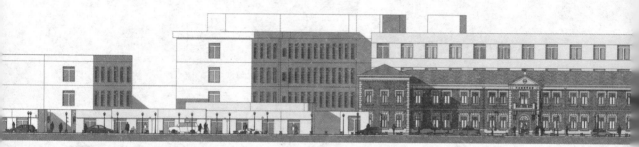

改造前：西宁道街面风格杂乱，街景混乱

改造后：西宁道街面风格统一，街面规整

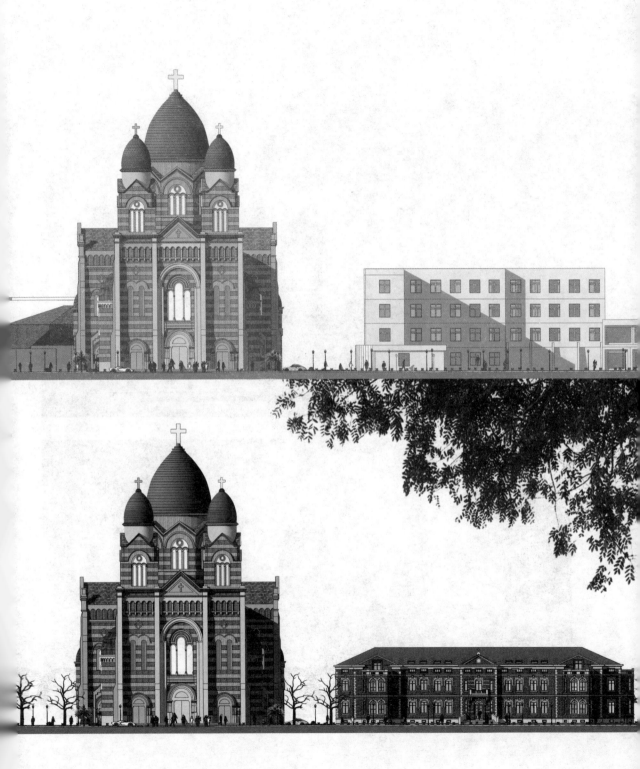

改造前

改造后

十年之路 —— **是终点还是起点**

这场保护规划进行得像一场"马拉松接力赛"。从经历漫长过程到缓缓落下帷幕，包含了几组设计团队大量心血与汗水，以及倾注的大量情感。 在设计过程中，设计师运用了很多手法对方案的可实施性进行了反复论证：视线视觉感官分析、区域路网交通环境评估、商业价值提升效果模拟、街道尺度对比等，这些手法为规划方案提供了更为严谨的技术支持和理论依据，向我们展示了一个宏伟的"愿景"。

著名建筑评论人，《城记》作者王军先生曾说过："一个城市最大的财富就是它的故事。"我们在故事中生活，也将故事流传延续。从孩提时代始，每逢平安夜便和小伙伴随着拥挤的人流排队至凌晨，然后冲向西开教堂祷告。零点的钟声伴着满满的希冀与幸福，弥漫至今。如今，有幸参与教堂区域的设计改造，感觉十分荣耀，亦拼尽全力。平日里，再步入教堂，心境已与从前不同了。

谨以此文纪念那勤奋且怀揣着希冀梦想的十年之路。前路漫漫，阳光闪耀。

注：该项目已局部启动，预计 2017 年完工。

万物生长
——第一热电厂保护与再生设计

| 作者　赵春水　邱雨斯

项目名称：第一热电厂

用地面积：29.4 ha

建筑面积：494 660 m^2

设计时间：2012 — 2014 年

卫星影像图

现状

2012 年 5 月的最后一天，我们接到邀请，参加天津第一热电厂（以下简称"一热电"）地块城市设计的方案竞赛。规定提交设计成果时间为 6 月 11 日。这意味着我们从拿到任务书与设计资料到完成全套方案文本及实体模型仅有 11 天的时间。这种工作节奏更像是一场脑力风暴，从认知到权衡，再到决策，以及表达。

作为最后一个加入竞赛的设计单位，我们并非完全处于劣势。通过多途径的了解，我们获悉，一年前已有设计单位承接一热电地块的设计任务，由于方案未能中选，因此规划管理部门开始着手组织方案竞标。

图纸上的乌托邦

由于一热电是中心城区内海河沿线保留最完整的工业遗存，厂区内建筑、工业设备现状复杂。按规划设计要求，只保留厂区内占地面积约 1.2 公顷的主厂房。该厂房始建于 1937 年，是日本兴中公司与中华民国时期天津市政府签约成立的天津发电所中的主要使用建筑，经过历史变迁，一直沿用至 2011 年初厂区才全部关停。由于周边的管线条件限制，一热电地块内未来仍需保留部分与供热相关的市政设施。

在熟悉设计条件的前 3 天内，项目组一直在论证保留厂房在地块中的作用与价值。泰晤士河畔的泰特现代美术馆（Tate Modern and Tate Britain）无疑是可供参考的最杰出的范例——它们同是热电厂的改造，又同样位于城市的最主要河流景观带沿岸。

出于对天津近代工业文明的追仰怀念，以及对这一地区历史文脉的充分尊重，方案决定将老厂房作为地块的最核心建筑。厂房面向海河的一侧用地作为城市开放空间，以期能更好地显示工业遗迹在整体布局中的主导地位。

现状

这项由河岸发电厂（Bankside Power Station）变身为泰特现代美术馆的开发计划，从1998年开始陆续展开，总共耗资达13 400万英镑，成为英国有史以来最昂贵的博物馆／美术馆开发项目。不过种种的公共投资都是值得的，因为这达成了英国政府的"四赢"局面：不但解决了旧建筑再利用的棘手问题，还吸引了大批人潮亲近当代艺术，间接丰富了观光资源，更鼓励更多的艺术家从事艺术创作。最后博物馆从还得了奖，成为各国都市规划的绝佳借鉴。

——李俊明《我不在家，就在去博物馆的路上》

泰特现代美术馆

在中心城区土地价值最具潜力的海河景观带沿线，将一公顷的可用地规划为城市花园，打造开放空间，是需要相当的勇气的。纵览海河上下游，所有启动地块高密度开发，建筑基座如同一张巨大的地毯满铺在路上。如果没有城市红绿线的控制，大概这些楼宇恨不得直接站在海河边，抬抬腿就可以踏上河面。我们希望为海河留一方"内气"，为"高压缺氧"的海河沿线调试出一段舒缓的节奏，厂房前的空地就是最后最好的机会与最合适的位置。

方案以**"一个公共花园、两个居住组团、三个商业院落"**为结构骨架，沿海河布置坡屋顶院落，形成规模商业建筑群，强调街廓的高度连续性。住宅组团在屋顶形式上和前排建筑统一协调，两座超高层塔楼通过裙房与保留建筑围合成商务办公板块，通过外檐材质的推敲设计，形成新与旧的对比与统一。空间关系从海河岸线公园向高层塔楼逐层升高，以保证海河沿岸景观视线舒朗有序。

另一个亟待解决的重要问题，是规划设计要求中提出的各项需要独立用地的市政设施，应如何结合现状条件、工期时序等要求，在地块中落位。最终，方案考虑结合现状地上架空的热力管廊位置预留一条内部路，作为未来管廊入地的路由，并就势将供热中继泵站布置在管廊北侧，以便更好地协调不同设施不同工期的施工条件与竣工效果。

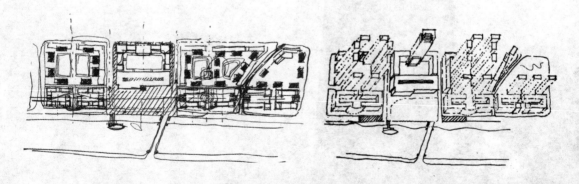

方案构思草图（赵春水绘）

166

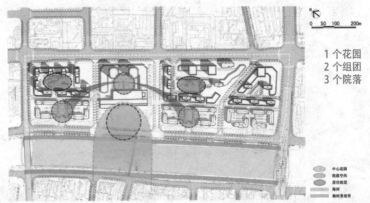

1 个花园
2 个组团
3 个院落

规划结构

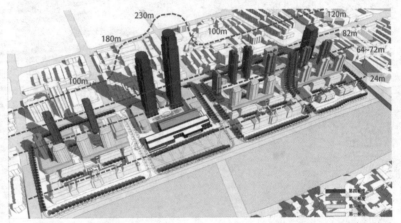

230m
180m
120m
100m
100m
82m
64~72m
24m

空间关系

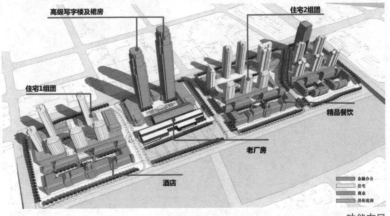

高级写字楼及裙房
住宅2组团
住宅1组团
精品餐饮
老厂房
酒店

功能布局

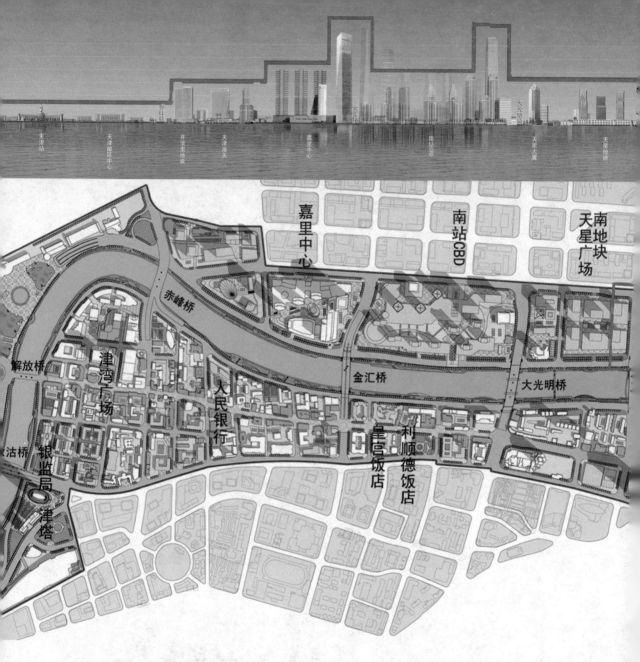

天津站　天津邮区中心　开滦里地块　天津海关　嘉里中心　滨站CBD　天星大厦　天星地块

嘉里中心

南站CBD

南地块
天星广场

赤峰桥

解放桥

津湾广场

人民银行

金汇桥

大光明桥

沽桥

银监局
津塔

利顺德饭店

皇宫饭店

六纬路地区沿河天际线

正是因为我们尊重老厂房这一城市工业风貌遗存，协调整合新旧建筑及市政设施的对位关系，合理推算相应的技术经济指标，方案才得以在竞赛中获得评审专家们的青睐，并且得到了市长的认可。7月我们得到指示，继续深化方案。通过与各专业设计部门统筹协调，我们在方案形成之初，就在日照、市政、交通等方面都做过前瞻性考虑，但由于基础资料不够翔实，许多分析无法进行精确的计算，只好粗算预估。随着后续方案深化时其他工作的推进，陆续显现出一些问题，这座构筑在图纸上的"乌托邦"方法开始接连遭受楚剥。

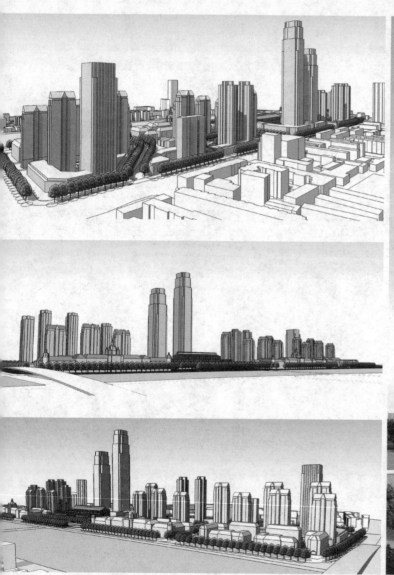

方案过程推敲

体块模型

更多的社会责任感

随着土地整理工作的推动，规划管理部门开始着力于研究地块带方案出让的可行性。这让停滞了半年的项目又重新被提上了议事日程——它终于要从"画画儿"变成"真事儿"了。土地整理单位开始委托各相关部门，对城市设计方案进行**"日照影响、交通评价、场站设施"**等方面的评估。

作为中心城区的城市更新项目，新建（高层）建筑对周边现状住宅产生一定的日照遮挡，是难以避免的。一热电周边用地情况复杂，现状住宅建设年代不一，有些已不可考。我们费了许多周折，实地测绘、图档调阅、入户摸底等等，用尽了所有可以获取资料的办法，终于获得了最为翔实的资料。最终，我们在能力可行的范围内，将外部日照影响尽可能减到最小，但这样的日照结果仍不能使各方均满意。从区政府的角度，仍然敦促我们再做优化方案，以便在项目建设时，将周边居民可能对此产生的不良反应减到最小。

如果说日照影响评估可以算作是城市更新中大部分项目都会遇到的常规问题，那么与热力管廊、供热泵站的结合大概是只有在热电厂的改造中才会有。其中曲折烦琐之处，只用规划管理部门每周一次例会的频率大概就能够描绘出结合问题时的状态。

老厂房与新建建筑的对话

关于一热电地块方案的优化，我们尽可能地尝试各种可能。包括与地铁线位的结合。已经提上日程的地铁 4 号线线位，下穿海河，途径一热电地块。从不穿越地块，到穿越地块，再到在地块内设置区间风亭，又到在地块内设置地铁"六纬路站"。一系列的变化让人应接不暇。我们曾经为线位穿越地块而苦恼，因为线位穿越的位置上方是高层住宅，这种扰动所带来的影响无法评估——目前从未有实施项目遇到；又为设站而兴奋，公共交通可以缓和双塔内高容量的办公人员所带来的交通压力。虽然因为资金等其他原因，地铁 4 号线最终未能在一热电地块内设站，但回想起这一段配合工作，我们仍然觉得每一次的努力都是宝贵的经验。

余记

建筑作为城市形态的重要组成部分，除了满足使用需求，还是一种社会财富。应该让当下和将来的使用者获益，对城市、对文化有所贡献。这是城市建设者无法推脱的责任。

我们习惯说"听市长的，还是听市场的？"其实这两点并不矛盾，找到平衡就可以从众多方案中脱颖而出。在方案理念形成之初，我们需要站在城市设计的高度去描绘理想的蓝图，当方案深入优化之后，我们需要承担更多的社会责任，协调各方利益。

至本文截稿时，一热电的城市设计方案调整仍在研究中，规划管理部门坚持以每周一次例会的节奏，努力推进项目的可实施化进程。相信随着土地整理工作的顺利开展，一热电项目即将以熟悉而亲切的姿态呈现在海河的面前，完成工业区城市更新的华丽转身。

内院

注：该项目由于拆迁问题尚未启动。

前世今生

—— 泰安道五大院保护与再生设计 | 作者 田垠

项目名称：泰安道五大院

用地面积：16.3 ha

建筑面积：404 000 m^2

设计时间：2009 — 2013 年

今人不见古时月，今月曾经照古人。

今人古人如流水，共看明月皆如此。

唯愿当歌对酒时，月光长照金樽里。

—— 李白《把酒问月》

正如李白当年面对明月时的感慨，短短几十年的人生在月亮面前显得那么急促。城市就像明月一样，看着一个个生命在眼前匆匆而过，记录下这些过客的悲欢，向今人述说他们的过往，用自己的繁华与落寞，在每个走进它的人心中，投射出这块地方的前世今生。

土地·情怀的培养基

由于在这地方长大，我对许多事物有着生动的记忆和自己的视角，它们都是我当时生活的一部分，随着慢慢长大，生活圈子扩大，逐渐发现这块地区的与众不同，了解到不同的背后故事。

在那时我眼中的开滦矿务局大楼超脱周围环境，灰色的躯体、巨大的尺度、整齐的序列，让人从内心产生一种敬畏。由于它当时还是市委的办公楼，楼前一直有人持枪站岗。于是，高台、巨柱、警卫构成了我对泰安道地区的最基本印象。

建筑作为城市物质空间的重要构成要素，如果没有人为干预，在一定时间内，它的形态总是那个样子。但随着时间的推移和环境的变化，我们还是能通过影像资料体会到"天增岁月人增寿"的微妙感受，比如草木生长。

20 世纪初的开滦矿务局大楼　　　　21 世纪初的开滦矿务局大楼

和开滦矿务局大楼对比鲜明的是美国兵营，虽然也是那个时期的建筑，但由于一直以来作为普通住宅的原因，当时已成为大杂院的美国兵营完全没有应有的气势。有些像香港的九龙城，不大的楼里住了几十户人家，建筑外挑着晾衣杆，四周被私搭乱盖的临建围绕，外墙由于反复粉刷和剥落变得斑驳，完全看不出原本的清水砖墙，走进内部更是连下脚的地方都没有，只能说比较有生活气息。

不管正式文件中是叫维多利亚花园还是解放北园，对我或其他当地人来说，它只有一个名字：市委花园。不要问我为什么在市政府前的公园却叫市委花园，这是事实，没那么多为什么。20 世纪 80 年代，还没有网络，没有电脑，一个公园就是孩子最好的乐园。其中两样东西让我印象深刻，一个是大象滑梯，一个是亭子的台阶侧石。那时的花园娱乐设施很少，大象滑梯可能是当时附近最大的滑梯，男孩们喜欢用各种方式从上滑下（比较夸张的是站直身子滑下，也没听说出过事），用以证明自己的胆量。如果说大象滑梯是最大的，那亭子台阶的四条侧石就是最小的滑梯。两座亭子和花园同龄，大概近一百年来附近的孩子都把它们当滑梯看待，于是每条侧石特别是南边的两块被鞋底与裤子磨出两道凹槽，而且可以看出是孩子的尺度，算是一代代儿童的烙印了。现在，这两样东西都没有了。

情怀·深沉的原动力

历史风貌区比历史建筑涵盖范围更广，记录的东西更多，同时也更难保护，更脆弱。风貌区的组成元素不仅是许多老建筑，还是街道、景观、功能、记忆的复合体。这些事物或毁于战火，或毁于开发。盲目的开发建设会刮平肌理、抹去细节、混淆真相，就如同假古董做差了会降低整体格调，做好了就以假乱真。在这个意义上，历史不是个任人打扮的小姑娘。作为一个建筑从业者，作为保护工程的参与者，也作为这块地方土生土长的人，我希望，向所有人展示泰安道的真实面貌和未来的可能。

泰安道工程的一大优势是使用天津本地设计单位和建筑师。或许外来和尚会念经，德国或意大利的专业建筑师经验更丰富，但对一个风貌保护项目来说，能融入设计师感情的设计自然更有生命力。

还有一样东西也让我印象深刻，那就是海河边的铁缆桩。那时沿着破旧的河岸，每隔十来米可以看到一个锈迹斑斑的铁墩，上面还可以隐约看到字母与数字。这些铁家伙就是缆桩，上面的深深磨痕记录了当年英租界时期码头的繁忙。这算是我对英租界的最初认识。

参加泰安道工程的建筑师有不少从小就生活在这一地区，在泰安道度过了自己的童年时光，和我一样，他们对这里的一草一木都有感情，也希望用自己的方法去诠释自己心中的家园。外国建筑大师的成名作很多是自宅设计，这事放在中国的可能性就可以忽略了。于是借这个机会，建筑师把建设自宅的热情投入进去（以自己对这块地方的认识去看待问题、诠释问题），用另一种方式圆了中国式的自宅梦。

面对这样的工程，难点是如何定位。作为天津最重要的风貌区之一，泰安道的历史、风格、体量不同于上海新天地、北京后海，老建筑的密度、街区尺度不同于外滩，历史定位不同于五大道，注定泰安道要走自己的路。

3号院地理位置连接核心区与现状居住区，地块范围是几块地中最大的，所以从规划开始就以一大带几小的方式分解成若干个院落，尺度上适应居住功能，延续英租界原有的街区脉络，道路通而不透，利用高差创造了怡人的内部环境与沿街景观。

画面中的青砖建筑是曾经的美国兵营，红砖建筑是新的3号院。这样一点一滴的细节，体现着设计师的用心

4 号院处在中心地带，历史上是租界行政中心戈登堂及后来的市政府，新建筑外形定位强调历史上作为行政中心的一面，与维园对面的 2 号院相互呼应，和维园一起共同组成地区的中轴线，对此造型强调对称，塑造严谨、挺拔的风格；功能上与相邻的利顺德饭店和 1 号院的精品酒店共同形成高端酒店服务区。

5 号院面向天津传统商业区小白楼，背靠传统行政中心，地块内风貌建筑众多且风格非常不统一，于是 5 号院的工作重点放在解决新旧区域过渡的问题上。立面风格上切实成了"两面人"，向内古典，向外时尚；功能上定位高端商场，对外延续了小白楼地区的商业氛围，对内不失地区的"精英"气质；5 号院的超高层塔楼与南侧众多超高层建筑组成新的天际线，同时建设强度上补偿了其他地块的规模，兼顾了经济利益。

由于处在风貌区，新建筑的形式始终是争论焦点。一方认为，不能做假古董混淆视听，新建筑应该体现时代感；另一方认为，截然不同的建筑风格会破坏这块地方的面貌，新建筑外形应是地区的传统风格的延续。最后"镶牙"例子说服了大家——现在应该没有人愿意张嘴就被人看到一颗闪光的大金牙了吧。

当然，建筑间的关系不像牙那么简单，在确定英国古典风格的方向后，还是要对传统英式建筑的元素进行现代加工。一是一些传统工艺已不适合现代的施工及使用需求，如抗震和节能，需要用今天的方法解决；二是单纯的模仿不是目的，不能让观者拿新建筑当历史建筑参观，新建筑要体现时代性。所以建筑师的工作贯穿了设计到实施的始终，把泰安道工程当作自己的事情去投入热情，不计较经济利益，精益求精地完成工作。与建设单位结合，把恢复传统手工工艺与对其进行改造相结合，探索出许多适应风貌区建设的工艺；同时在项目中强化样板墙等步骤，与精细化设计相结合，完善了现有建设流程。这既保证了这个工程的建设水平，也为日后类似工程进行了探索。

结语

有感情投入，可以激发创造力，但受伤害也更令人痛苦。维园整修后，几位建筑师惊讶地发现，原本亭子下的条石基座与台阶被换成崭新的石板，那些刻满回忆的老石头完全被当作废料清理了。这把大家气得不轻，叫喊追究责任者有之，当场爆粗口者有之，动用各手段去找者有之，但一切都晚了。正如那句"往者不可谏，来者犹可追"，我们能做的只有相互守望关注，避免类似情况再发生。

不过所幸瑕不掩瑜，最终花园还是保持了应有的尺度风貌，起码在一个游客眼中是个很有味道的花园。在我看来真正有价值的不仅有可用规划建筑理论来诠释的元素或是其他什么，还有在其中留下的时间痕迹，就像当我们来到一座欧洲古城，感叹于她的气质与美丽，其实是被她的历史厚重感所触动。当今中国飞速发展，使得城市也要飞奔才能满足人们新的需求，而城市的改造使得人们再去寻找儿时的环境已不太可能。泰安道地区就像心灵的归宿，任你走出很远，回头时，她还站在那里，微笑着看着你，让你知道，无论你去到哪里，她都在这等你。也许这就是城市中历史风貌区的存在意义，以经济、文化的名义凝固了历史，让人有一块寻根之地。

建筑师在此情此景下，能做的、该做的是使地区符合经济的规律、时代的需要，同时解读、延续地区的脉络，保留一段记忆。

工作至此，善莫大焉。

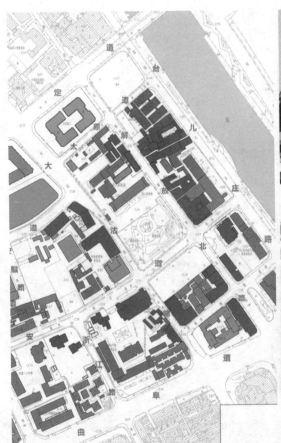

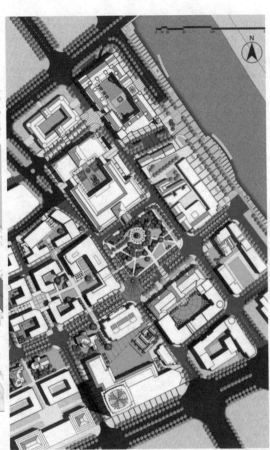

五大院工程之前的泰安道地区　　　　　　　　泰安道五大院总平面图

谦虚的设计

—— 岳阳道铁狮门地块保护与形象设计 | 作者 张愈芳

项目名称：岳阳道铁狮门地块

用地面积：0.64 ha

建筑面积：6700 m²

设计时间：2013 — 2014 年

人们常常可通过一处优美的城市景观、一条街道、一座别致的建筑，就能识别一座城市的个性特征。只有有着自己特殊文化品格、精神气质和形象的城市才是令人喜欢、难忘的城市。

　　一路辗转，从借助长江内河港口而实现较早开埠的武汉来到同样濒临渤海湾而实现较早开埠的天津，不同的角度，不同的视野，发现着不同的城市之美。作为一个初来乍到的"闯入者"，职业生涯中第一次承接文脉浓厚的天津历史街区的项目设计，首先是带着朦胧的印象以及敬畏之情，开始在项目设计启程阶段中探索、品味这座历史之城。

缘起

五大道是天津保存较完好的近代建筑风貌区，汇聚着各式高档私人独栋别墅或当时比较新潮的公寓，融合了各国的建筑精髓，如英式半露木构架、德式石拱廊、意式圆窗、法式孟莎屋顶等，因此在设计上不同于解放北路以古典主义为基调，以高贵奢侈石材为主的银行建筑，整体基调更倾向民居。

本项目地块位于今和平区岳阳道与广西路交口处，规划用地呈不规则的多边形。虽然不是天津著名五大道的核心保护区，甚至周边已经按压不住历史的滚滚车轮，不远处已矗立起现代化的摩天大厦，但在我们心里还是将其归到五大道的范围里，而且该区域在历史上也的确有值得称道的、有韵味的街区——始于清朝候补道台黄荫芬在天津英租界的私人花园（即大家所熟知的黄家花园街区），其街区景象一直维持到了 21 世纪初才被地产开发所破坏。

黄家花园广义上泛指东至河北路、西至营口道、南到成都道、北到南京路的一片区域。20 世纪 30 年代，属于住宅和商业铺面可并建区域。通过调研分析，黄家花园及周边区域历史建筑风情清晰地展现在我们眼前。

张学铭旧宅

疙瘩楼

茂根大楼

龚心湛旧宅

关麟征旧居

民园大楼

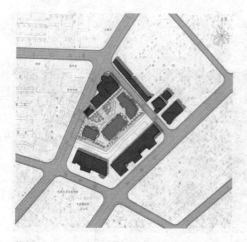

根据这些代表性的风貌建筑，不难发现大量中西合璧建筑已成为天津的历史性城市象征，因此黄家花园范围内的铁狮门项目的新建要考虑维护天津的特有风格，对其传统秩序进行延续，保护好重点地区的城市空间特征，同时遵循吴良镛先生提出的"有机更新"理论，"按照城市内在的发展规律，顺应城市之肌理，在可持续发展的基础上，探求城市的更新与发展"。

体量交通

在对项目基地及其周边进行初步探索以后，我们发现在保护区新建建筑的约束与局限还是颇多。而事实上建筑师的设计灵感往往是在夹缝中诞生出黄家花园五大道核保区的。

首先以城市肌理为出发点，最大限度地延续街区风貌特色。根据资料分析，项目周边街区以里弄为特征的城市空间肌理特征为：建筑整齐排列，密度较高，整体呈均质分布，具有较强的秩序感和韵律感，街坊周边围合，街道界面完整。

以英租界花园住宅为特征的城市空间肌理：以独户使用的单栋住宅和院落为特征，多为二三层，面积达数百平方米。环境优雅，空间尺度近人

根据这些特征，本案在规划建设上努力去顺应其围合、亲和的特质，化整为零，限定建筑体量。甚至在交通压力非常大的当今，都没有进行大刀阔斧的道路系统的拓宽改造，而是通过合理的外部市政交通、内部单行等来最大限度地发挥原有街区窄路密网以及内部单车道的高效通行，这在很大程度上保持原有街区建筑体量的适应性的同时，也为项目投入使用后该街区的场景环境的保持奠定了基础，而不是让该项目以搅局者的身份来加入街区中。

除去宏观上要考虑历史场所的无形文化遗产、空间、肌理、环境等，其次是微观上日照间距、建筑高度的限制。基地东侧紧临广西路泰华里 2 层住宅，北侧临裕城国际酒店旁 7 层住宅，为了不影响现状住宅日照，经计算分析合理退线以后，规划内三栋独立建筑显得过于拥挤。所以在不影响总建筑面积，同时不超过建筑限高，不影响周边日照的情况下，为了满足基地自身楼间距，得出限制性布局——中间建筑为 4 层，左右两侧为 3 层。

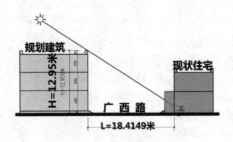

※：根据计算，最小间距为18.4149米，
设计间距为19.2米，能满足日照要求。

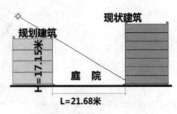

※：根据计算，最小间距为21.68米，
设计间距为28米，满足日照要求。

日照间距、建筑高度的限制

交通方面，该街区地处闹市中心，又是天津著名的岳阳道小学的学区片，加之历史形成的窄路密网除了担负自身街区，还要担负一部分毗邻的当代开发的摩天大楼的部分交通流量等，早晚高峰的交通压力很大，为此，该项目毗邻的桂林路、岳阳道早在21世纪初就已经设定为全天候单行路。限制性的因素得出限制性的布局，如何不因本地块的加入而加剧街区交通压力，如何最便捷地将本地块的内部流线与外部对接……结论是，设置两个远离岳阳道和广西路交口的基地进出口，将两个基地进出口结合外部单行路设置为右进右出，利用基地南侧狭小的退线间距高效地安排了能够串联3栋建筑的内部路网，也让北侧庭院的静谧得以实现。其次由于用地紧张，地面停车不多，为了满足规范所需的停车位，在满足合理退线以后，要将基地地下全部利用才能保证足够的面积。相比较而言，采用机械式停车设备，会节省很多地下空间，还能有一部分作为设备用房，当然建设成本也会相应增加。

再以遵循历史秩序和设计导则为原则，得出限制性布局，排除各项隐患以后，紧接着是考虑为维护天津的特有风格，在新建建筑采取什么样的风格上进行的一些探索。

风格

第一站　五大道风格延续！

基地位于保护区，但同时考虑到项目基地北侧临南京路现代商业圈，因此总体方案设计采取过渡风格原则。

Sketch up 效果图

第二站　简欧风的运用。

第二站总体布局上沿袭第一站，依然是三个独立体块，
主从有序。运用欧式基本元素，线脚、壁柱、八角塔，
去繁取精，同时将天津的刻砖技巧应用到栏杆檐头上，
巧妙地将地方特色融入西洋建筑。

建筑立面以实体墙面为主。历史建筑立面门窗洞口所
占的比例一般比较小，新建筑可适当放宽，但也不超
过 40%，单个洞口面积不宜过大。

根据相仿城市武汉对新建建筑——楚河汉街的设计，
分析其对租界建筑风格的延续与现代相结合的手法，
结合天津实际情况，进行第二站——简欧风。楚河汉
街案例保持历史建筑"三段式"的总体风格特征，借
鉴历史建筑元素形成一片有序建筑。红灰相间的清水
砖墙依旧，乌漆大门、铜制门环、简化了的巴洛克式
卷涡状山花门楣，点滴处印刻着历史的记忆。

局部使用一定的现代化的建筑材料，新建筑对外体现传统的、历史的特征，对内体现时代特征，空间感受更加丰富。

第三站　民国风的逆袭。

通过对街区的现场实地调研，一方面感觉到清水砖构成了主要的建筑材料肌理表现，同时不管最初清水砖的基本构成是红砖、过火砖还是灰砖，经过多年的岁月洗礼都给人一种实际以及印象中的灰色调，因此在本案当中我们也力求通过材料的运用，让新建的项目能够很自然地融于原有的街区中，因此本案选择了灰砖，而在通常的标签符号意义上"欧式风格＋灰砖"等于中国的民国时期。

细节上运用一些特定的元素，如：清水青砖、铜制门环、乌漆大门、青砖小道、石库门头、怀旧的木漆窗户等，营造出民国建筑特色氛围。

天津清水青砖饰面案例

杨柳青石家大院　　　　　　　　　　南开中学

大清邮政局

194

最终经过逐步的递进与探索，方案采取了民国风，以期将传统的建筑文化以其特有的方式参与到现代生活之中。

感悟

总而言之，在漫长的历史长河中，人类一直在为拥有一个理想的居所而苦苦奋斗。
整个设计的前期工作，在保护区新建建筑需怀着一颗谦卑的心做一座谦卑的建筑，
以期让我们的文化得到更好的延续与发展。最后由于水平和能力有限，研究的问
题难免会有疏漏和不足，希望通过设计的实践过程，能进一步在前期工作中对建
筑设计有更深的感悟，不再为"到底要做一个方的，还是做一个圆的"感到困惑了。

04

地域·守

当到访者对城市失去印象时，不是他们麻木，而是太多城市的特色错位与缺失。大多数城市为寻找其特色而奔忙和犹豫之际，本土设计师的清醒和坚持可能是走出困境的希望。

——赵春水

城市面对面

——黑牛城道两侧城市设计笔记

| 作者　赵春水　郭宇

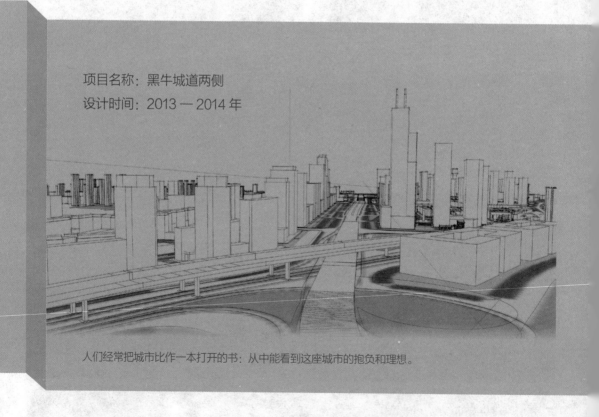

项目名称：黑牛城道两侧

设计时间：2013 — 2014 年

人们经常把城市比作一本打开的书：从中能看到这座城市的抱负和理想。

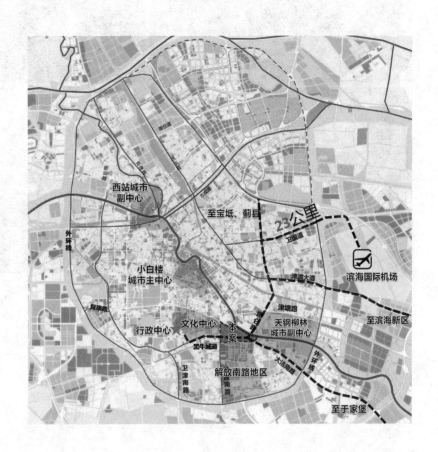

当我们漫步于城市之间，总是被它的表情所感染，会为城市的车水马龙而雀跃，也会因其门庭冷清而感到失落。城市的状态总会真实地呈现给居民，而我们的城市设计往往能够左右它的兴盛衰败。纽约、芝加哥、巴黎，这些都是城市活力的代言者，为世人提供了大量成功的城市设计和建设的经验。黑牛城道两侧城市设计就是基于向这些伟大城市学习，并不断优化设计而成的有益探索。

天津当下正处在一个高速建设发展的阶段，毫不吝啬地向世人展现其跻身大都会的决心。

黑牛城道两侧城市设计的项目，恰逢这个时机提供给城市展现其风貌的机会。黑牛城道是快速路的重要组成部分，连接大沽南路、解放南路和友谊路三条重要射线道路。并且作为从机场途径东南快速路进入市区的重要节点，黑牛城道将更多地承担展示城市形象的职责。

试想一下，驾车从机场大道渐渐驶入市区，给人留下城市第一印象的便是黑牛城道的城市界面。对于这种大规模的城市开发项目，我们迫切需要成功的城市设计经验。为此我们走访了纽约、芝加哥、蒙特利尔等城市，探求其发展建设的实际进程，在这种与城市的互动学习中，我们开始了项目的设计之旅。

芝加哥

城市的伟大不仅仅在于它带来的经济繁荣，更在于它给人们带来的归属感……

在众多城市设计典范中，芝加哥的城市建设对我们的项目参考意义最大。谈到芝加哥，仅拿出芝加哥学派就能让追随者如痴如醉了，但这个城市的伟大更体现在城市规划与城市空间的塑造上。它是一个工业化与现代化都市的象征，也是规划设计实现程度最高的一个案例，这些对我们的城市设计有着极大的借鉴和参考价值。

1871年，芝加哥发生大火，城市面临着大规模重新建设的情况，正是借这个契机，规划大师伯纳姆对芝加哥进行了整体的城市规划，使其成为跻身于世界城市的"草原上的巴黎"。芝加哥规划对开放空间、交通体系、街道系统进行了全面的设计，且百年之后该规划很大程度上都得以实施。尤其是在密歇根大街地区一平方英里的地区，无论是街区空间尺度还是建筑形式，都为城市设计者提供了鲜活的样本。

芝加哥规划中将街道系统划分为 108 米 × 96 米方格网，用 20 ~ 25 米的道路加以分割，实现了快捷的交通联系。充分利用了轨道交通，使综合交通体系实现无缝连接。城市肌理的均质性保证了城市天际线的整体延续，城市肌理从 1833 年延续至今。从平面布局来看是一种相对均质的空间，保证了每幢建筑物拥有足够的体量，而不至于过于细碎和比例失调；从空间效果来看，使得芝加哥的城市天际线具有节奏感、整体性和延续性。

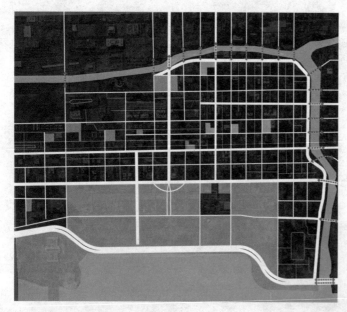

城市应该是什么模样?

在对芝加哥等城市设计解读的过程中,我们对黑牛城道的城市空间有了新的认识。这个区域有根植在内部的自身状态,也有周边完成的城市设计,更有承担城市发展的区域职能。在重新认知大区域城市状态后,我们发现黑牛城道作为连接文化中心(城市主中心)和海河后五千米(城市副中心)之间的纽带需要承担展示城市界面的职责,但绝不适于核心商务办公区的定位。黑牛城道在两个中心应该更倾向于松弛、充满活力的状态,因此我们将黑牛城道两侧定义为具有承载城市外在功能,以居住为主的混合型生活街区。

网格都市

为了实现混合型生活社区的概念，就要避免在区域中出现大尺度的街廓，增加路网密度，为居民提供生活便捷和宜人尺度。如此一来，我们通过对地块进行网格化设计，对土地规模和业态的合理调配，就能将方案做得更加饱满和实用。

网格的演变

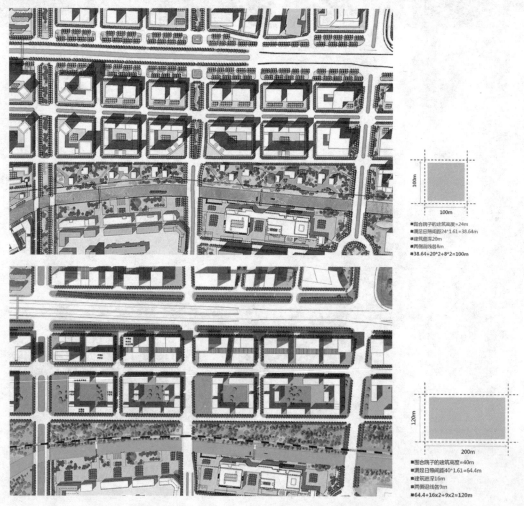

100m

100m

- 围合院子的建筑高度≥24m
- 满足日照间距24*1.61=38.64m
- 建筑进深20m
- 两侧退线各8m
- 38.64+20*2+8*2=100m

120m

200m

- 围合院子的建筑高度=40m
- 满足日照间距40*1.61=64.4m
- 建筑进深16m
- 两侧退线各9m
- 64.4+16x2+9x2=120m

网格城市的概念可以将城市规模弹性化，土地细分标准化；增加地块面街的延展面和连续性；交通的可达性与市政施工和规划管理的整齐划一也更加显著。有规划学者认为，格网是一个发生器，我们可以灵活地对其内部的各个"零件"进行组装从而形成丰富多样的城市空间结构。对于黑牛城道这个项目，合理地划分网格模数为项目实施创造必要可行的条件。我们比较了纽约和巴塞罗那城市街廓的尺度，要求地块内建筑有较高的贴线率，并将地块设定为围合院落式的布局，通过对院落日照和建筑退线的计算得出方格网为 96 米 x 96 米。但我们发现这种网格尺寸在实际使用方面会出现产品类型单一，土地利用不足等缺陷。在后期深化设计中，我们将横向两个单元合并且加大地块进深，将地块网格尺寸调整为 200 米 x 120 米，增加了地块设置的自由度。

如果说城市网格是对城市格局的设置和控制，其内部单元模块的设计则是对产品类型的调控。网格赋予了城市肌理，模块创造了城市表情。我们对基本的模块单元进行了大量研究，将网格大小进行调整也是对模块深入研究后的反馈。为了达到连续的街墙效果，并有效控制地块容量，我们的模块基本上以院落形态出现，然后在沿街面设置高层建筑，或点式或板式。每个单元地块都有不同的设计师来负责，根据所处地段的情况对业态进行调整和高度控制。最终，整个区域会出现令人惊讶的效果，在整体控制下，各单元具有不同的风格特色。这种形态在国内的城市设计中还没有实际的案例，它避免了大区域城市设计中单元的呆板状态，同时赋予个体单元间协调的城市表情。

摩登都市

网格赋予了城市秩序与肌理，同时也为城市界面的塑造提供了更多可能。我们比较了几种对城市意象的探索，强烈地感到城市的形态不应该仅仅是开放多元的，还应具备独特的本土气质。因为这片区域大多是器械加工厂的旧址，所以新的城市意象应结合其工业气息，塑造一个老摩登、新古典的城市形态。

设计过程中我们一直在考虑如何能将黑牛城道城市空间设计得大气而不压抑，能够让人们快速通过黑牛城道的同时感到天津都市氛围。在探索中，我们惊喜地发现芝加哥同样是工业感和现代化味道十足的城市，与我们黑牛城道的城市气质十分相似，为我们带来极大的现实指导作用。我们模拟了从海津大桥驶入黑牛城道的空间意象，在标准地块中植入建筑体，并严格控制各地块的建筑高度走向，仅在关键节点设置地标性建筑。相比芝加哥的城市空间形态，我们的设计区域显然不适合超密度开发，因此仅在黑牛城道两侧的地块采用较高强度的开发，远离黑牛城道的地块都按照居住型分布加以平衡。

在城市空间序列确定的基础上，我们对黑牛城道两侧的建筑形象进行了深入的研究，从建筑形体、风格以及色彩搭配等多方面对黑牛城道的城市空间进行诠释。在城市设计阶段就将本地区的气质打造出来，对将来单地块的设计加以控制和指导。

城市界面的演变

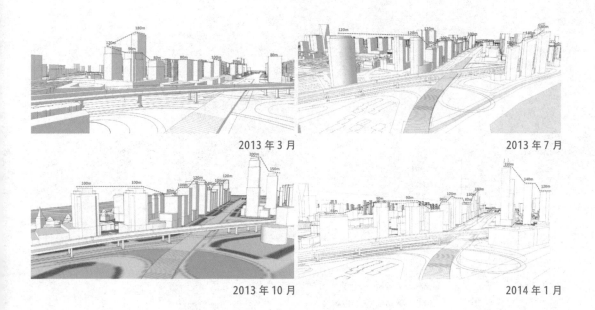

2013 年 3 月　　　　　　　　　　　　2013 年 7 月

2013 年 10 月　　　　　　　　　　　　2014 年 1 月

城市区域的整体设计不仅包括建立清晰的空间结构和认知意象，还需要把区域分解到近人的尺度，然后再进行设计……

——彼得·卡尔索普

活力都市

城市的精彩在于其内在气质与活力的延续，作为活力营造的主体，人的尺度空间更值得设计师去关注。美国的社会学家简·雅各布斯提出：城市应该创造小尺度的街区和各种小店铺，以增加街道中人与人相见的机会。因此我们的城市设计结合了商业策划和地下空间建议，对街道尺度、商业业态和空间联系等方面进行了精细化设计。

对于街道尺度的抉择一直是困扰我们的问题。我们对芝加哥的道路断面进行了分析，发现街道的断面宽度、建筑退线、建筑高度，都会直接影响街道的空间感。在确定建筑高度后，我们比较了若干种类型的街道断面，结果得出为保证两侧商业氛围和人行尺度，街道断面宽度（建筑到建筑）不宜大于 40 米，高宽比（街道宽度与建筑高度之比）不宜大于 2。在能解决交通问题的前提下，结合绿化和建筑退线，创造出适合本地区最宜人的空间效果。

人行道	非机动车道	公共设施带	机动车道	公共设施带	非机动车道	人行道
5	3.5	3.5	2	14	2	3.5	3.5	5
5				32				5
退线				红线				退线

人行道除了人行通过的作用外，也是建筑与街道对话的媒介，为了能达到浓郁的商业氛围，我们参考芝加哥对人行道的设置，结合绿化和建筑退线，设计了适合本地区的特色断面。我们地块内建筑首层空间都设置成小型商业，加之窄路密网的设计，使得人的尺度下的街道空间能够延续其活力。

魅力动线

对于城市大规模开发的地段，空间活力很难在短时间内培育起来。我们借鉴了蒙特利尔地下城相连互通的活力动线的概念，将黑牛城道两侧区域内的城市活力诱发点线性地连接起来，形成活力环，由点带面，带动整个区域的生机。我们利用地下空间连接了地块内的地铁站点、室内商业街、黑牛城道两侧主要的写字楼，如此形成区域型的活力街区。当然，地下空间的整体开发为"活力环"概念提供了先决条件，也会在整个地区日后的发展中体现更多价值。

棉三城市设计

VIVOCITY

Iluma Bridge

林荫商业街

蒙特利尔内街

蒙特利尔地下商业街

黑牛城道整体效果

工作营

项目大致经历了三个阶段，每个阶段都是一个循序演变的过程。在规划格局基本确定之后，我们将设计范围分解成若干组团，由天津本土最具实力的八家设计单位对各个地块进行深化工作。在大规划调控下，每个组团空间尺度符合城市设计要求，但各具风貌特点。这种规划师领衔统筹，多位建筑师深化分地块的工作营模式，区别于传统一家规划设计单位或两家单位合作的工作方式，分工更加明确，风貌更加丰富。此外，各家单位在设计过程中既有竞争，也有学习，极大地加快了设计节奏和提高了工作效率。

感悟

城市形象的塑造是一个极其复杂和漫长的过程，城市设计师们一直致力于城市形体与视觉关系的整合。但在快速的城市现代化建设中往往仅满足了城市机械发展的物质存在，却丧失了能给城市带来长期活力的城市个性。

对城市设计案例的借鉴，为我们的设计既提供了丰富的设计依据，同时也让我们在设计过程中走了一些弯路。在方案推演中，我们出现了对参考案例进行生搬硬套的现象，忽略了城市形成的背景和时间序列。为此我们针对国情和场地现状对方案进行了修正，更多地分析了其空间构成的原理，将其城市设计的人文关怀和精细化追求运用到我们的方案设计当中。切身地走入设计当中，通过与城市面对面的对话，反复对城市空间、形态、表情进行推敲。

在近一年的设计工作中伴随着复杂的问题和矛盾，但探求城市本质的设计热情从未减弱。对于这类大规模的城市设计项目，开发过程中无法避免其中错综复杂的实际问题，了解城市真正的需求是什么，往往是解决问题的关键。仅仅塑造城市形象并不会带来繁荣，对内核的挖掘才能为城市带来活力。

注：该项目正在实施，预计 2017 年完工。

街道的表情

—— 入市口沿线城市设计

| 作者 陈旭

项目名称：入市口沿线

设计时间：2012 — 2013 年

轮廓线是纯粹精神的制造。它需要建筑师用形式的排列组合，实现一个纯粹的精神创造的城市。

—— 勒·柯布西耶

导向性

在街道界面的设计中，街道属于线性空间，线性空间不仅是统一连续的，而且具有方向性。所以，在设计上我们分别从入市方向和出市方向两个方向进行设计，避免了只有单向的良好界面，营造地段的空间节奏感。

在城市设计中，我们应对整个道路空间的布局设置良好的节点，以期获得行进方向的引导和良好的识别性。

—— 凯文 · 林奇《城市意象》

方案在道路的尽端设置了标志性的高层，这样的设计使得线性空间的尽端有目的物或吸引人的内容，这样的空间更容易打动人。在本次入口的城市设计中，同时也参考研究了著名街道的两侧界面和空间。

在建筑设计上，进行了高点和特点的再设计，让街道界面的每一个点（每一栋建筑）都活跃、有特色，但是这些点并没有过分突出的个性，这些点又相互呼应，使得这一系列的点串接成线。具体表现形式为相似或相近的材质选择，有收分变化建筑顶部处理的呼应等。

外环线向市区方向

节奏感 —— 宏观尺度

通过对空间尺度高度的分布研究，将入市口天际线的设计分为宏观与微观层面。在宏观上，要定义街道的属性是城市内中心还是片区的中心，是交通性的街道还是生活性的街道，两侧地块是以商务办公为主还是以生活休闲为主，是保护传统建筑，还是开发作为中央商务区，这些定义不仅对于城市天际线的控制，对于城市个性的控制也是非常重要的。

在本次设计中，复康路定义为天津南站方向的门户型道路，而京津路则定义为通往北京的重要通道。这使得复康路在靠近南站的地区更呈现出中央商务区的天际线趋势，而在京津路的设计上会更注重均匀连续的天际线处理。在整条道路的设计中，更加注重开合有度，另一方面，就是要处理好建筑与建筑之间的主次关系。在天际线中高度突出的往往成为视觉上的重点，因此高层建筑都竞相攀升，期望成为人们的焦点。但是高度无限制地发展可能会打破原有的城市建筑之间的协调，破坏已有的天际线，因此许多城市都制定了控制建筑高度的法规。对于高点的设置，在沿道路 3 千米 左右的长度范围内，只设置了一个。其他的建筑都是通过自身的特色和细节的调节，而不是高度，对道路加以丰富。

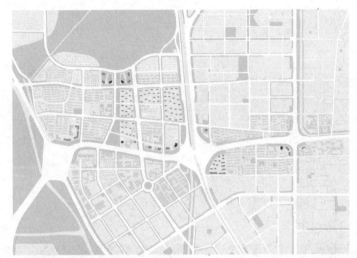

高度控制

节点推敲

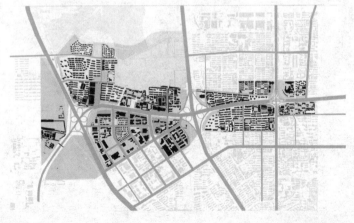

现状图底关系

节点效果图

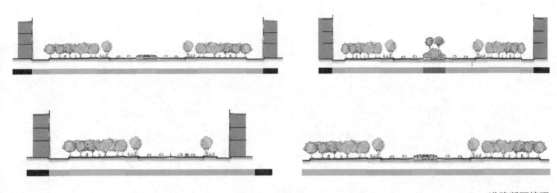

道路断面梳理

京津路现状

龙门道节点

节奏感 —— 微观尺度

在微观上，对建筑细节的设计也进行了把握，例如，利用一些相对顶部有收分的建筑就很好地塑造了整条街道的个性。同时，又通过屋顶、锯齿形、尖塔、竖线条等独特的造型，又很好地吸引了人们的注意，丰富了街道的界面。比如在低层的建筑上使用高窗框、角塔等变化塑造沿街优美的轮廓线。最后，建筑学的基本构成，比例、尺度、对比、韵律、均衡等，在建筑群天际线的塑造中同样起着重要的作用。从左下图中可以看出，沿街第二层界面的设计是开合有度的，这是指连续在街道两侧的建筑并不是满满地插建在街道两侧，而是在街口的地方降低了建筑的密度，这样开合有序的空间节奏，收放有度的空间感受，消除了人的视觉疲劳和单调。

法国巴黎城市色彩

从城市设计的角度看，街道设计首先要以人为本，人的步行、尺度、交流和其他户外活动都体现了人的生理需求。比如在街道开放空间设计中，应形成网络系统，和绿化系统相结合，增加人们使用公共场所的机会，吸引人们参与公共活动，这样做也提高了街道的活力。

复康路节点

人性化

在街道设计中，可以加入一些独立的要素用于塑造供人活动的空间，例如：各种道路的过街设施将人们引入到沿街的商业中，景观植栽围合成的街道小空间使得人们更愿意驻足逗留。另外，人行道铺装的选择和地方材料的运用也体现了对天津历史文脉的尊重。此外，优秀的城市街道往往通过界面的精心组织和对传统特色的保护，塑造出独特个性，为人们提供一个共同回忆的基础。这使得前述的街道界面设计，有了超出实用功能和可识别性以外的种种意蕴和文化内涵，不仅给人以亲切的归宿感，还会使人浮想联翩，情思无限。

注：该项目尚未启动。

海河的复兴

——海河后五千米沿线城市设计

| 作者　韩海雷

项目名称：海河后五千米沿线

设计时间：2008 — 2014 年

溯源

天津是一个有着浓郁特色的城市，在这个千城一面、遍地高楼的城市激进化的时代，这几乎已经是不争的事实。作为曾经在历史上有九国租界地的城市，作为有着万国建筑博览之美誉的城市，天津在历史的长河里，披沙沥金，在海河两岸，留下了许多美不胜收的历史建筑，以及不断涌现的未来的历史建筑，从望海楼教堂到奥式、意式风情区到津湾广场，再到利顺德大饭店、泰安道五大院以及当代的万达公馆，这些建筑无不以其特有的"洋味"为天津的母亲河——海河沿岸增添了神采，不管是从点、线、面，还是沿岸地域的延展，抑或时间上，都构成了天津这座城市自近代基本成形后，能够绵延至今的城市风貌，形成了自身独特的文脉，这种风貌特色就是我们要传承的历史文脉。

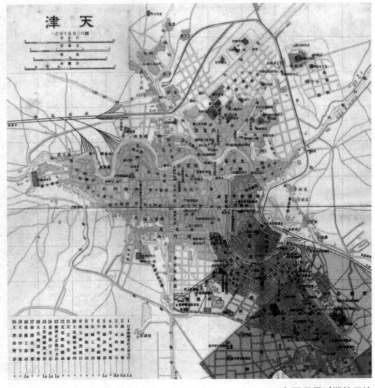

九国租界时期的天津

意式风情区

望海楼教堂

利顺德大饭店

机遇

自天津快速路环线跨越海河的海津大桥至中心城区外环线这段区域是海河上游段，沿河岸线长度约五千米，天津钢铁公司（以下简称"天钢"）曾经是该区域海河北岸的主力军，海河南岸中心段是柳林区域。

2008 年天津市启动该区域的规划建设，并将该区域的项目俗称"海河上游后五千米"正式定名为"天津市天钢柳林城市副中心"。其中除了南岸还有一些沿岸零星的可开发的滨河建设用地，再加上北岸的天钢旧址和城中村，都为该区域的开发建设和形态的再塑提供了有力的支撑。

津湾广场

在这个区域里，破败的厂房、杂乱的城中村显然与这个城市、这个时代有了很大的脱节，也与这个城市的文脉特色格格不入，仅有海津大桥这一桥之隔便使得海河沿岸的景象仿若两个世界。幸运的是根据天津市的总体规划布局，该区域被定位为城市副中心，这无疑成为该区域发展的一个巨大良机。

天钢柳林城市副中心位于海河上游后五千米处、中心城区东南部，东至外环线、南至大沽南路、西至昆仑路、北至津塘路。规划总用地 14.5 平方千米。2008 年我们在接手这个项目以后，这一大片的区域几乎要重新开发，要作为一个全新的区域来对待，这样的建设项目即使是在世界城市范畴内也是很少的，其重要性不言而喻，这对设计团队来说既是压力也是动力，但仍然要沉下心来去冷静地面对它。

天钢柳林城市副中心区域位置

臆想

既然海河的上游已经形成了独一无二的欧式风貌特色，如奥式风情区、意式风情区、津湾广场和泰安道五大院，那么我们认为这个区域一定要继续延续这种文脉特色，但也不能全盘照搬过去那个时代全是欧式风格的建筑，当然也不能全部都是现代化的高楼大厦。因为那样的话，海河上游经过历史延续的城市风貌就会出现中断，没有一种延续性，这并不是我们想要的。

经过了几轮讨论，确定为在海河两岸延续上游的这种欧式风貌的建筑，在后部区采用现代典雅风格的高楼大厦，这种风格定义为庄重典雅的，形体比较规整的，外表皮没有太多全玻璃幕的建筑风格，这样可以保证整体的城市形象不被破坏。

在整体风格确定完之后，我们开始研究沿河两岸的欧式风格。

欧式建筑大多以多层建筑为主，但是为了统领整个区域，有一个完整的城市形态，需要在两岸各有一个核心建筑。而后部现代典雅风格的高层，则完全是围绕前面这个核心建筑展开的，它的天际轮廓线和体量是以陪衬建筑的形式而出现的。紧临核心建筑的后面是楔形绿地，没有建筑，后部高层区域的两个高塔逐渐向两边降低，形成了一条谷峰式的天际线，这在整个设计中能够展现整体的城市特色和秩序美。

> 城市设计乃是一项城市造型的工作，它的目的在于展露城市的整体印象与整体美。
>
> —— 乔纳森·巴纳特

描绘

最终，我们的城市设计从沿河两岸展开，建筑组群在整体的形态上形成了前低后高，两侧低、中间高的城市格局，使整个区域的空间形态具有良好的秩序感和韵律感。

在滨水建筑组群形态的展示上，前区多层建筑很好地构建了"一主两副"的布局，极具亲和力；后部高层建筑构建的天际轮廓线又形成了蓬勃发展的态势。

西站副中心

大悲院商业街

三岔河口

古文化街

奥式风情区

意式风情区

现代风格+简约中式

西站城市副中心

经典中式风格

古文化街、老城厢

津洽

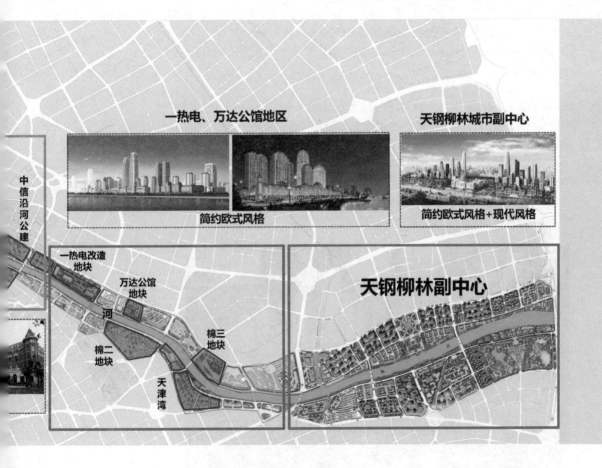

一热电、万达公馆地区

天钢柳林城市副中心

简约欧式风格

简约欧式风格＋现代风格

中信沿河公建

一热电改造地块

万达公馆地块

河

棉二地块

棉三地块

天津湾

天钢柳林副中心

在土地利用上，前区商业价值突出；后区商务价值突出。

在风格上，前区更加注重对上游已经具备的城市特色进行很好的延续和发展，整体建筑群为欧式风格；后部区是现代化的高楼大厦，作为现代化大城市的象征和标志。

在开发强度上，前区更加突出建筑、绿化和水之间的亲水性和景观性，因此，它的开发强度较低；后区考虑到需要合理地发挥土地价值，因而提升了土地的开发强度。

这一方案，基本上确定了大的规划格局和思路，进而作为一个暂时性的方案成果展现出来，随后该区域其他专项规划开始实施，如市政、道路、拆迁、轨道交通、公园绿化等方面，我们负责的方案确定工作暂时告一段落。

蜕变

经过讨论，各设计单位进行工作分工之后，我们的重点是对核心建筑进行深化，这使得我们有更多的精力能够做得更细更好。

核心建筑的初步定位为会展中心，它肩负着市级乃至华北区域级的会展中心，因此要考虑到它对整个区域建筑体量的统领作用。我们确定了 50 万平方米的规模体量，建筑风格上我们选用了新古典主义，这样能保证在这个区域范围内的唯一性和地标性。该建筑周边的交通、市政工程和景观方面都很合理，在海河沿岸一侧可以退让一定距离的绿化带，在建筑的北部还有大片的公共绿地，两侧有众多的商业，后部有高层写字楼，所有这些从各方面来烘托它，是一种较好的形式。

时隔四年之后，由于国家会展中心在津南区已经开工建设，天津梅江会展中心也已建成，因此在功能载体上需要改变。

我们经过多方设计方的审慎讨论，最终确定区域级的核心建筑为国际交流中心，主要承担颁奖中心、会议、餐饮、酒店、办公等功能，整体的规模调整到 20 万平方米。这是它的重新定位。

政府平衡与市场主导

—— 西沽副中心城市设计

| 作者　吴书驰

项目名称：西沽副中心

设计时间：2012 — 2013 年

在信息传媒广泛普及并快速发展的时代，在我们的一生之中可以借助便捷交通丈量体验更多城市的时代，我们有的不是更多的惊喜，不是更多别致，于是有人有了这样的感叹，一个城市最吸引人的东西，不是林立的高楼大厦，也不是经济多么发达，而是城市的特色和令人感触的细节。

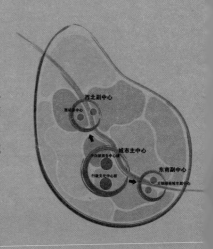

碰撞 VS 共存

天津的西北部，有一片湮没在城市化进程中的低矮平房区。这里低矮、老旧的住宅成片，房屋质量差，每户的平均面积 10 ~ 15 平方米，交通极其不便利，环境卫生脏、乱、差。据统计，在这个 64 公顷的典型的棚户区，居住着 9000 多户困难家庭，这就是西于庄的现状。

身处闹市区的西于庄，仿佛被身边的宽阔马路与高楼大厦隔绝于另一个时空，时间在这里停滞。仅仅一河之隔的对岸，就是代表了最尖端、最前沿科技的天津西站。天津城里最现代的建筑的和最破败的区域，在这里形成直接的对比，并隔河相望，奇怪地共生着。从西站出来的游客，一出门就能体会到这视觉上的落差，形成一种错觉：天津的城区是这样的。

棚户区改造的定向安置房项目已经正式开工，西于庄地区的城市更新已拉开序幕。

机遇 VS 挑战

城市中心区的棚户区改造，向来都是利益关系错综复杂的。我们必须清醒地认识到，在市场经济体制下的城市中，来自政治需要的"政府力"和来自经济利益需要的"市场力"以及来自住区内部改善居住环境自身需求的"公众力"是推动棚户区改造的基本力量，三种力量相互制约、相互作用。三种力量对于棚户区改造的推动在每个时期、每个阶段都一直存在着，但作用力度都不相同。这也就是说，政府、市场以及公众力量在棚户区改造产生作用时不可能均分权重，必然是一种力量主导，另外两种力量受其影响和牵制。但由于另外两种力量的存在必然对发起力量的行为及意图产生牵制，从而导致在改造过程中第一种力量所倡导的蓝图不得不进行调整，并努力达到一种三方都可以勉强接受的"相对平衡"状态。

在市场经济体制下的城市中，"政府力"、"市场力"、"公众力"是推动棚户区改造的基本力量，三种力量相互制约、相互作用。三种力量对于棚户区改造的推动贯穿于始终，但作用力度不尽相同。这种三方博弈机制，导致了一些项目在不同时期规划导向的不同。基于此三种力量的变迁，可将本案中西于庄地区的规划编制工作，划分为以下三个阶段：

城市更新阶段	利益主体构成	利益冲突焦点
政府主导时期 2005—2008	政府 产权人 公众	政府与产权人：全域公共利益分配；物业补偿标准。 政府与公众：全域公共利益分配
市场主导 2008—2012	政府 开发商 产权人	政府与开发商：开发条件的博弈。 开发商与产权人：交易性冲突
多元化主体 2013—至今	政府 社区（单位） 开发商 产权人	政府与社区（单位）、产权人：全域公共利益分配；物业补偿标准。 政府与开发商：开发条件的博弈。 社区（单位）与产权人：局域公共利益分配。 开发商与社区（单位）以及产权人：交易性冲突

市场力量的凸显

2013 年初，五年后的市场环境和当年不能同日而语。

此时，市场的力量渐渐凸显，它们的介入为棚户区改造提供了资金支持，同时为改造的规划设计提供了新鲜血液。与此同时，作为规划师的我们也开始进行反思：**如果城市中没有居住功能，中心区规模巨大的办公、酒店、商业功能，容易导致夜间空城的现象，不仅影响城市活力，也会出现交通"钟摆"。高强度的开发和大规模的拆迁，可能会带来城市特色的遗失，也可能会引发社会问题。原住居民他们到底愿意接受异地安置吗？**

这些都是我们需要重新思考的问题。市场力量的介入，为我们提供了契机。

经过长时间的论证和酝酿，在平衡成本的前提下，最终政府提出：公建与居住配比不得高于 5 ∶ 5 的要求，建筑总量也大幅下降。在此指导思想之下，我们重新调整了规划方案。同时，我们很明显地感受到了政府对市场的妥协和让步。一方面，居住用地面积和建筑规模大幅度提升，有更多的居住用地进入土地市场；另一方面，公建的用地和建筑规模相对减少，开发强度也略有降低，而业态更加多元化，加入了公寓等产品。为了保证出地率，中央的绿轴缩减一半，并且绕开了银杏公寓小区，呈折线分布。

在现行的土地财政模式影响下，政府为了增加财政收入，很容易与开发商形成利益联盟，而将位于黄金地段的棚户区地块高价拍卖，以获得更高的土地收入。而开发商更倾向于将居民异地安置，以降低成本。

居民的声音和多元化的诉求

半年之后，国务院发布《关于加快棚户区改造工作的意见》，新一轮的拆迁入户调查工作开始。此时，代表各方的利益团体纷纷登场，而一直处于弱势群体的居民也开始发出声音。利益的平衡机制，直接反映到了方案的构思过程中，从此进入了不断调整的阶段。

绿轴的变迁

绿轴的变迁很直观地反映了市政府、公众、河北工业大学、开发商之间的协商过程。

绿轴的设置，是市政府对公众利益关注的直接体现。流畅的线形，100 米的宽度，对公共空间的构建起到决定性的作用，也保证了相当的绿地率。但是随着开发商及产权人的介入，他们的利益诉求深刻地改变了规划方案。对开发商而言，住宅用地的规模越大，他们的利润越高。协调的结果就是，公共绿轴宽度缩减到 50 米，以保证出地率。而对部分产权人而言，出于对搬迁补偿标准的不满，银杏公寓居民大多决定不搬迁。出于对产权人意愿的尊重，规划绿轴改道河北工业大学。依据此方案，绿轴的实施还需等到河北工业大学的搬迁，也就是说在很长时间内，绿轴将会成为一个封闭绿带，这并不符合市政府的初衷。为协调此矛盾，方案 3 应运而生，如下图所示，绿轴依然接道银杏公寓，一次性修通，但是局部变窄。但是涉及到银杏小区内 3 栋楼的动迁，需要政府和产权人进一步和住户沟通。方案 3，绿轴涉及的拆迁降到最低，也可以保证实施。这似乎是一个兼顾了各方的结果，但是 3 栋住宅的拆迁需求留下了隐患，随着地铁资源公司的介入，这个矛盾点最终暴露出来。

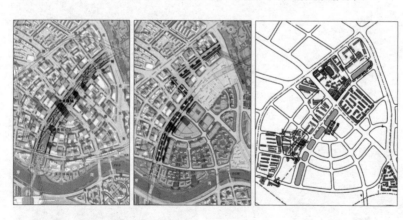

地铁站点的选择

地铁 4 号线在西于庄地区规划设置两个站点，其中一个已完成主体结构，另外一个为折返站。为保证实施和避免拆迁，4 号线的线位置于绿轴之下。如果采用方案 3，其涉及的 3 栋住宅楼的拆迁成本，会导致地铁建设成本的增加。显然，方案 3 并不符合地铁公司的利益诉求。与此同时，开发商、区政府也不愿意主动承担 3 栋住宅的拆迁成本。国土房管局的拆迁办公室与产权人的搬迁补偿协商一度被搁置，规划方案难以推进。

经过长时间的论证和协调，最终，由于河北工业大学的妥协，得到了最终解决方案，如下图所示：绿轴避开银杏小区，从河北工业大学的操场穿行，并留足宽度。4 号线线位跟随绿轴的走向，进行局部微调。绿轴转折处局部放大，设置城市景观节点，形成完整的公共空间体系。此方案，牺牲了河北工业大学的局部利益，兼顾了区政府、地铁公司、产权人的利益诉求，同时，公共绿地也得以实施。

文保单位地块的变迁

当项目进行到微调的阶段，新的问题和遗留的问题也逐渐暴露出来了。子牙河北边的沿河地块，由于文保局的介入，问题又开始复杂化。

如下图所示，2013 年 1 月，天津市政府 1 号文件发布，公布了第四批天津市文物保护单位名单，属于近现代重要史迹及代表性建筑的总共涉及四栋建筑，其中 4 号建筑，为原红桥客运站，已有百年历史。

① 医务楼 ② 办公楼
③ 俱乐部 ④ 客运站

应文保局的新要求，这些文保单位都要求予以保留。全部保留，必然带来开发量的减少，影响到资金的整体平衡。一边是文保单位的历史文化价值，一边是出让金的平衡，权衡利弊，我们又提出了折中的方案，两害相权取其轻：规划拆除沿河3栋20世纪50年代的建筑，历史最悠久的原红桥客运站予以保留，进行原地修缮和立面整治，形成主题公园。

规划结构

以上的这些细节，只是众多单位之间利益平衡的表征体现，整个西于庄规划，就是一个动态的平衡过程，也是各方利益之间相互协调、相互妥协的过程。最终形成的规划方案，是一个基于支离破碎的现状之上，经过高度整合，融合了多方利益诉求的结果。

在市场经济多元化利益主体的情况下，与其他设计单位不同，规划院有相当的工作内容是政府指令性任务。作为规划师在向决策层提供咨询并将决策意见进行技术化、具体化处理时，难免受行政干预而官僚化地看重城市发展的效率指标。规划行政部门在多数情况下，既是规划委托者又是成果鉴定者，规划师很少能够开诚布公地就城市规划问题与规划管理者进行交流、争论、探讨。极端情况下，规划师的工作就是将政府或规划管理者的意图具体化和形式化。

即便如此，我们还是要尽最大努力，综合协调各种矛盾，不仅仅要在政府、公众和开发商之间获得一种均衡，还要在经济、社会与环境之间获得一种均衡。规划设计师的职责不仅仅是帮政府落实意愿，更应该积极引导，辅助决策。

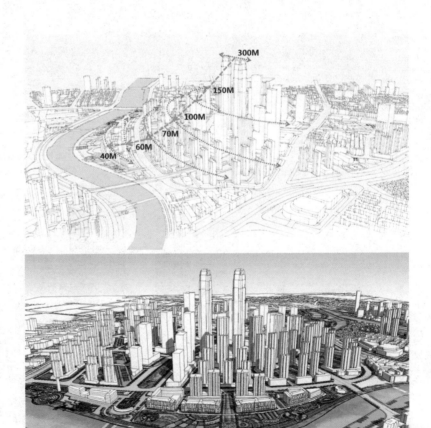

后记

建筑少年的梦

当中国向世界敞开大门的时候，外面的精彩让人们惊得目瞪口呆，计算机技术恰逢其时应运而生，更像在全国人民面前打开无数充满新奇刺激的"视窗"。当时每个人都喜欢凭窗眺望，而工作之余为设计而苦恼的我，被心中萌生的久久不去的梦想诱惑，最终跳出窗口追逐心中朴素的胜景。历经七年的异国磨砺收获了宝贵的精神财富，每当遇见颠簸时它推着我继续前行。2006 年，博士毕业后在院领导的主荐下进入规划院的事业平台。

跨界——划定了我们工作的新领域

在规划院的平台上，从事建筑设计工作，这种工作背景、专业知识、从业内容与经历，让"跨界"自然而从容。维特鲁威的《建筑十书》提出适用、经济、美观的建筑原则，建筑先于城市而存在，不管城市以什么样的方式消亡，建筑的存在，至少会长一些。从勒·柯布西耶有影响力的法国巴黎规划开始，随着工业社会的发展，城市规划的内涵与外延空前地丰富起来。建筑师的从业领域随之扩大，至丹下健三提出的东京都规划，建筑师的视野被拓展至更广阔的领域。在与同事们讨论如何在规划院平台上发展建筑设计的时候，对规划、建筑、景观等专业的关系重新审视梳理。鉴于当今建筑设计中存在的规划限制、设计粗陋、完成度低的问题，剥茧抽丝，答案直指"跨界"。这或许是现行体制下，最好地解决上述问题的答案之一。

"跨界"设计不代表设计师有绝对的能力驾驭复杂问题，而是设计师有责任超越固有的藩篱，将精力更多地投入传统意义上的非建筑领域，使设计理论从宏观到微观都能够得以贯彻实施。统一的认识指导着我们寻找机会，在跨界的平台上尝试着超越自我、实现愿景。华明镇、海河教育园区、泰安道五大院在愿景公司的总体策划下，以规划为先导提出开放社区、学区、街区，整合设施、共享资源、继承传统、涵养生境的规划理念。以建筑为载体，建立新社区模式、新教育模式，探索新利用方式，最终以景观作为规划、建筑、环境的连接体，实现"跨界"与"全程设计"的愿景。

竞合——奠定了我们工作的主旋律

天津从海河两岸改造项目开始大规模地邀请国内外设计大师参与项目，其中包括
SOM、AECOM、ATKINS 等数十个团队。这是天津本土设计师第一次近距离、全方位的
观察学习，每一位同大师合作过的设计师，都会感受到他们对社会的责任和对人文的
关怀，这是本土设计师持续工作的动力和目标。这次设计师的启蒙式合作，开阔了本
土设计师的视野，同时项目的成功为设计市场的开放打下了坚实的基础。

缘起自 2004 年在东京大学听过山本理显的讲座。那是学生时期，为听讲座将调研时
间和地点调整后的顺便收获。横须贺美术馆中通过一个船上常有的圆窗眺望海面船只
的画面一直印在我的脑海里。圆窗的设置将此岸与彼岸的时空转换推向极致。2009 年
同山本事务所参加天津文化中心项目的投标，在与矶崎新、西萨·佩里、何镜堂等国
内外大师的同台竞技中，山本 + 规划院的图书馆方案在两轮的竞赛中胜出。记得在宣
布结果当天的庆功宴上，山本老师破戒畅饮了白酒，他就像十几岁的孩子欢快地与大
家拥抱，他激动的情绪感染了每一个人。大师与普通设计师的隔阂烟消云散，如父辈
般的亲情和敬佩感油然而生。回想当初，正是这种无隙的交流和共同的理念支撑着我
们一起走过艰难的三年建造历程，共同实现了面向 21 世纪图书馆的愿景。山本老师
主张：建筑改变社会，建造建筑就是铸就未来，新形式只能从技术创新和社会责任中
获得最终动力，要创建一个鲜活的前所未有的空间模式需要突破现有的建筑体系和束
缚。在天津图书馆中，我们提出并实现了：空间交错桁架的结构体系和静压箱送风的
设备工艺，突破了技术限制，实现了空间解放，使设想的信息发生器——图书馆的空
间意象变为现实。之后我们团队吸收了天津文化中心的经验，加入滨海文化中心设计
团队。参与的团队包括扎哈·哈迪德、伯纳德·屈米等，面对同样的任务书、同样的
客观条件，就像课程设计一样，在思考着同样的问题，没有既定的权威和标准的答案，
寻找着不同的解决方案。

如果说海河改造项目开阔了视野，让我们能近距离地观察平时仰视的设计大师们；天
津文化中心项目，从始至终的合作，三年的实操经历，面对基地讨论问题，让我们有
机会平等地表达、交流，提高了专业知识水平和自信，那么滨海文化中心的全程参与
让我们有机会纵观全局，把握节奏，与大师全方位交流分享想法，有分歧也不会妥协，
实现了由竞争到合作再到"竞合"的良性循环。竞合 = 竞争 + 合作，竞争是优胜劣汰，
合作是共赢发展，这就是我们几年的工作方式。

本体——注定是我们工作的永恒梦想

自 2007 年华明镇项目与德国水景专家迪特尔合作开始，到天津文化中心与日本现代主义继承者山本理显合作，再到滨海文化中心与普利兹克奖获得者扎哈·哈迪德、欧洲新锐 MVRDV、美国明星建筑师伯纳德·屈米合作，以及同日本新陈代谢派建筑大师矶崎新、美国现代主义大师西萨·佩里、世界明星建筑师库哈斯同台竞技，我们体悟"跨界"的工作领域和"竞合"的工作方式，它是现阶段解决问题、实现设想的最佳途径。

经过繁忙的阶段，冷静下来，我们有了自己的工作领域、工作方式，但我们的愿景到底是什么？在与各位名家交流中，我们团队的思想在现在主义理想王国、后现代主义人文关怀、技术至上主义的夸张强势、信息时代新锐的特立独行中跨时代跨地域地游走，充满理性的张力和强劲的动力。最终，在天津本土的实践中，给出了自己的答案。在对这些答案进行研判的时候，深感在中国三十多年的飞跃发展中，囊括了西方百年以上的建筑风格，在巨大的时空跨度下谨慎地选择，使我们少犯错误。这正倒逼我们给出自己的答案。学而不思则罔，思而不学则殆，我们一直在反省什么是设计的本质，在追问自己什么是天津创造。

现阶段我们还没有能力给出结论，这便是我们写这本书的动机，与大家分享我们的思考。自从"德先生"和"赛先生"进入最缺少知音的土壤之后，科学与民主生根发芽。建立在科学认知基础上，理性思考为大家提供了交流的平台，跨越既有的藩篱，成为全人类共同的语言；地域是在特定区域所表现的特征，独立又有韧性，丰富又不失沉稳；崇尚理性、尊重地域是我们现在的答案。不能回避的是，信息时代的洪流不可阻挡，我们所秉承的理性、地域内涵必将会注入新的内容。

追求"本体"，是我们工作的永恒愿景。探索本源，体察人性，用科技手段实现空间的自由自在。关于"本体"的思考，注定是一场有起点、无终点的行程，我们始终在思考中前行……

世界的均质性，弥散开去，有变得越来越轻的倾向；
空间的透明性，连续流动，成为包容各种行为的载体；
场所的地域性，越来越模糊，技术的表达代替了文化的传承；
人的弹性变得越来越不可琢磨……
技术的发展使空间最终解放，也带来了技术文化的兴起……

2015 年 6 月于津
赵春水

董天杰、陈旭、刘瑞平、刘畅、吴书驰、郭宇、赵春水、田轶凡、邱雨斯、廉学勇、韩海雷、张愈芳、崔磊、田垠
（自左至右）

图书在版编目（CIP）数据

思享：设计师札记 / 赵春水主编 . -- 南京：江苏
凤凰科学技术出版社，2015.8
ISBN 978-7-5537-3619-8

Ⅰ．①思… Ⅱ．①赵… Ⅲ．①建筑设计－研究 Ⅳ．
① TU2

中国版本图书馆 CIP 数据核字 (2015) 第 039863 号

思享 —— 设计师札记

主　　　编	赵春水	
责 任 编 辑	刘屹立	
特 约 编 辑	赵　萌	

出 版 发 行	凤凰出版传媒股份有限公司
	江苏凤凰科学技术出版社
出版社地址	南京市湖南路 1 号 A 楼，邮编：210009
出版社网址	http://www.pspress.cn
总 经 销	天津凤凰空间文化传媒有限公司
总经销网址	http://www.ifengspace.cn
经　　　销	全国新华书店
印　　　刷	北京建宏印刷有限公司

开　　　本	710 mm×1 000 mm　1/16
印　　　张	16
字　　　数	217 600
版　　　次	2015 年 8 月第 1 版
印　　　次	2024 年 4 月第 2 次印刷

标 准 书 号	ISBN 978-7-5537-3619-8
定　　　价	128.00 元

图书如有印装质量问题，可随时向销售部调换（电话：022-87893668）。